JN130294

犬と人はなぜ惹かれあうか

辻谷秋人

三賢社

犬と人はなぜ惹かれあうか

目次

Part 3
なぜ犬は誤解され続けるのか

Part 4
犬と人がともに生きる奇跡

Part 5 なぜ人と犬はともに暮らせたのだろう 165

Part 6 ともに暮らして感じる犬の不思議 193

Part 7 ぼくらはなぜこんなに惹かれあうのだろう 223

装丁：西　俊章

装丁：西　俊章

はじめに

「それは運命的な出会いだった」と、飼い主たちは言う。

すべての出会いは運命的である、という考えに立てばごくあたりまえのことではあるのだが、もちろん飼い主たちはそうした意味で言っているのではない。その出会いは唯一無二の、特別なものだったと、彼らは口を揃えるのだ。

特別な出会いであった理由は、初めて出会ったときに、その犬が自分の元にやってくること、つまり自分がその犬の飼い主となり、その犬が自分の飼い犬になることが決まったことにあるということらしい。

「運命的な出会い」を形容するとき、「目と目があった瞬間、体に電気が流れた」といった表現をすることが多い。「雷に打たれたよう」などと言う人もいるが、どうやら世の中の飼い主たちの多数が、そうした感覚を経験しているようなのである。

それどころか、

「やっとぼくを見つけてくれたね、ずっと待っていたんだよ、という顔で私を見たんです」

　とか、

「自分が犬を選んだのではない。犬が自分を飼い主に選んでくれたのだ」

　などという、詩的（？）と言えばいいのか、もっと率直に言ってしまうと「この人はいったい何を言っているのだ」という、なんとも反応に困る発言も、ごくふつうになされている。

　ただし、世の飼い主たちの名誉のために言うなら、彼らも自分の犬さえ絡んでいなければ、まずこんなとぼけた言葉を口にすることはないはずなのである。常識をわきまえた、良識ある大人であるはずだ。

　にもかかわらず、である。「この人はいったい何を」が言葉だけで終わらない人がいる。言葉だけなら何を言おうが（聞いている方がちょっと居心地の悪い思いをするだけで）実害はないのだが、困ったことにふらりと入ったペットショップで「運命的な出会い」をした挙句、衝動的にそのまま犬を連れ帰ってしまうような人がいるのである。

　最初、そういう人がいる、という話を聞いたときには、さすがにほんとうだろうかと疑ったものだ。いくらなんでも、そこまで非常識なことはできないだろうと眉に唾をつけていたのだが、なんとぼくの友人がこれをやった。

友人は仕事の帰りに、職場近くのペットショップを覗いてみたのだそうだ。その日に犬を買うつもりで入ったわけではないという。彼によれば「犬を飼う気がまったくなかったわけではないけれど、飼うと決めていたわけでもない」といったところだったらしい。犬を飼うっていうのも悪くないなあくらいに漠然と考えていて、たまたま目についたペットショップに、どんなものかちょっと見てみようと足を踏み入れてみたのだろう。

その店で彼の心を摑んだのは、1匹のヨークシャーテリアだった。

友人によれば、その子犬はとくに目立っていたわけではなかったそうだ。ペットショップにいる子犬たちはたいてい、子犬ならではの好奇心で、おもちゃと戯れたり、訪れた客の顔をじっと見つめたりする。子犬にしてみれば、とくに人間にアピールしているつもりはないのだろうが、その仕草のかわいさに、人はたいていやられてしまうわけだ。

ところがそのヨーキーは、まったく違った。まるで周囲のことにはまったく興味がないかのように、動くでもなく、眠るでもなく、ただじっとそこにいたのだという。

「逆に気になるじゃないか、そんなことをされると」

と友人は言った。はたしてヨーキーが意図的に「そんなことをしていた」のかはわからないが、とにかく友人はしばらくそのヨーキーを見ていたのだそうだ。そして、見ているうちに突如として、

「この子犬は自分が飼わなければいけない」

という気持ちが湧き上がってきたのだという。

なぜ、という質問は無駄だった。なぜなのかは、彼にもわからなかったのだ。ただ、彼がそのヨーキーを飼うことはすでに決まったことであり、決まっているのだから連れて帰るのだと思ったのだという。彼はそのまま犬を家まで運ぶためのクレートと、最小限の飼育用品（食器やトイレだ）を購入して帰宅した。もちろん犬とたくさんの荷物を抱えて混雑した通勤電車に乗るわけにはいかないから、タクシーを使うことになった。

犬を迎える準備もせずに衝動買いなど、いったいどういうつもりなのか。生き物をなんだと思っているのか、と眉をひそめる向きもあるだろう。当然である。まったくそのとおりで、ぼくも友人のこの行動は間違っていたと思う。

そして、それが間違っていたことを、友人自身もわかっているのだ。もし自分以外の人間が同じことをしたら、彼は間違いなく憤慨する。そんな人間がいったい全体、

なぜそんな振る舞いに及んだのか、まったく不思議なことなのである。

友人の行動は絶対的に間違っていて、非難されるべきことではあるが、しかし一方で「気持ちはわからないでもない」と思ってしまうのが困ったことなのだ。

そう、ここまでの書き方では、もしかするとぼくが世の中の飼い主たちに対して苦々しい感情を持っているように感じられたかもしれないが、そんなことはない。人のことは言えないのであって、ぼく自身、ペットショップでコテツ（このあとたびたび登場することになる、うちの飼い犬である）を見たとき、ああ自分はこの犬を飼うことになるな、と思ったのだ。最初の瞬間から、コテツはほかの犬たちとはまったく別の存在だった。まあ、有り体に言って、同じ穴の狢なのである。

そのぼくが言うのはおかしなことなのかもしれないのだが、どうして人は（人類全体を巻き添えにするのはよくないので言い直すと、ある種の人たちは）、犬が絡むとこんなに変なことになってしまうのだろう。

問題は、飼い主たちの頭のネジが一本飛んでしまったような台詞や、常識外れの振る舞いの是非ではなくて、常識的でごくまっとうな飼い主たちを、こんなにもおかしくしてしまう「犬」という動物の存在なのである。

犬というのはどんな動物で、なぜぼくら人間は、こんなにも犬に「やられて」しまうのかということなのだ。

そしてまた困ったことに、犬も犬で、人を好いてくれているようなのである。それも特別に。

あるときコテツと散歩をしていると、自動車1台がやっと通れる細い道にＢＭＷが入ってきた。ぼくは道幅がちょっと広くなっているところにコテツを寄せて、ＢＭＷをやり過ごそうとしたのだが、なぜかＢＭＷは10メートルほど手前に止まってしまって動かない。

「どうしたのかな」と思っていると、助手席のドアが開いてひとりの女性が降りてきた。

その途端、コテツが女性に向かって走り出した。

「コテツ！」

驚いたことに、女性もコテツの名前を呼ぶ。

その女性と、続けて運転席から降りてきた男性が誰なのか、ぼくが理解できたのは、彼らの目の前まで行ってからだった。

家のまわりを散歩していると、たくさんの犬好きに会う。同じように犬を連れている人もいれば、そうではないが「撫(な)でさせてもらっていいですか？」と声をかけてくれる人もいる。そのご夫婦は散歩の途中に何度か会っていた人たちだった。なぜかコテツをひじょうに気に入ってくれて「このあたりの犬でいちばんかわいい」などと、飼い主が聞いても「それは言い過ぎ」と思うことを言ってくれていた人たちだった。

コテツはすでに女性の胸に飛び込んで体のあちこちを舐め回している。尻尾も激しく振られてちぎれそうだ。よほど嬉しかったのだろう。

しかし、コテツがそのご夫婦に会った回数はさほど多くない。まず一桁である。しかも散歩のルートや時間帯がうまくあわなくなったためか、顔をあわせることもなくなっていて、その前に彼らに会ったのは、おそらく1年以上前になる（だからぼくは最初わからなかった）。

それでもコテツは自分を特別にかわいがってくれる人を覚えていた。彼らはコテツに餌（えさ）やおやつをくれる人でもなければ、遊んでくれるわけでもない。ただ単純に、純粋にかわいがってくれるだけなのだが、コテツはそのことを喜び、その気持ちに応えようとしているのだ。

人が犬を求めているように、犬もまた人を求めているようなのである。

前著『馬はなぜ走るのか――やさしいサラブレッド学』（三賢社）で、ぼくは競走馬を主なターゲットに、人間と馬との関わりあいを探った。

人は馬の持つ圧倒的な力や長く持続するスピードに惹かれた。それを自分たちの生活に役立て、あるいは趣味として楽しむため、馬の繁殖に積極的に介入し、多くの品種を作出した。その代表がサラブレッドであり、現在の馬の姿は人間の存在なくしてはあり得ない。

犬もまた、同様である。いや、人の生活への関与の大きさは、馬よりもはるかに大きいだろう。人間がいなければ現在の犬の姿がなかっただけではなく、犬がいなければ現在の人間の姿もなかったのではないかと思えるのだ。

なぜ、人と犬との間にはこれほど密接な関係が生まれ、いまなお人はこれほど犬を求めるのか。それを探っていこうというのが、本書の目的である。

件の友人のヨーキーは、7歳の夏に腸閉塞を発症した。すぐに手術を受け、手術は無事に成功した。犬はそのまま経過観察のために入院することになり、友人は獣医師によって帰宅させられた。そして翌朝、病院スタッフが出勤してみると、ココ（ヨーキーの名前）はすでに息を引き取っていた。

帰宅したココの亡骸を、ぼくも撫でさせてもらった。生前のココはペットショップ時代と変わらず、他人にはいっさい愛嬌を振りまかない犬だったが、ぼくが触ること

は拒まなかった。ココが嫌がらない（ように見えた）のをいいことに、ぼくは会うたびにココの毛艶や思いのほかがっちりした肉付きを楽しんでいたのだけれど、その日の手触りはあまりにも硬く、冷たかった。

「ただ眠ってるだけにも見えるんだよな」

触っているココの体は、ただ眠っているのではないことをはっきりと示していたが、ぼくは友人の言葉に頷いた。

Part 1

人は犬のことをよく知っているはずなのだが

犬を形容する言葉は数多くあるが、そのうちもっともよく知られているものに、

「犬は人間の最良の友である」

というものがある。

犬を飼ったことのある人にとって（そしておそらくは飼ったことがない人にとっても）、これは疑問の余地のないものだろう。

「最良」という言葉は主観的かつ抽象的なものなので、ぼくらが最良だと感じればそれが最良になるという、いくらか都合のいい側面はあるにせよ、人間以外のあらゆる動物の中で、犬ほどいつも身近にいて、お互いの意思を通わせることのできる存在はほかにないのは間違いないところだ（犬と同じようにいつも身近にいる猫は、お互いの意思を通わせることができないところが「最良」と呼ぶのを躊躇させる。もっとも猫好きの人たちにとっては、お互いの意思を通わせることができないからこそ「最良の友人」なのかもしれないが）。

もちろん飼い主としての感覚だけでなく、人と犬とが関わってきた歴史から「最良

の友」であると言うことは難しいことではない。犬はずっと昔から、人と生活をともにし、狩猟や牧畜の手助けをして人の生活を助けてくれた。現在ではそれに加えて、視覚・聴覚障がい者、ＰＴＳＤ（心的外傷後ストレス障害）患者の介助、さらに災害救助などのシーンで、人の生命を守ってくれている。単なる経済活動だけにとどまらず、精神活動や安全確保にまで貢献してくれている動物は、犬以外にない。

世の中にたくさんいる猫派の人も、また残念ながらこちらも少なくない数が存在するだろう犬嫌いの人も、人間の社会生活においてもっとも大きく貢献してくれた動物が犬であることは認めてくれるだろう。

そしてもうひとつ、人と犬との関係を表すものに、

「犬は人類のもっとも古い友人である」

という言葉もある。

「もっとも古い」と言われると、では友だちになったのはいつごろなのかが知りたくなるところだが、これはテレビの教養番組風に言うと「諸説あります」ということになる。

ある人は１万５０００年前だと言い、またある人は１万９０００年から３万２０００年前のどこかだと言う。そして名著『ソロモンの指環』や『人イヌにあう』でおな

じみの動物行動学者コンラート・ローレンツ（Konrad Lorenz）博士は、それは5万年前のことだと述べている。さらにまた、ある研究チームは犬が人の友人になった時期、すなわち犬が家畜化されたのは13万5０００年前だと結論づけた。

どの主張が正しいのか、あるいはどれもが正しくないのかを断じることは、現在のところできない。ようするに、よくわかっていないのだ。犬が初めて人間と友だちになった瞬間を目撃したという人の証言を得られない以上、よくわからないのはしかたのないことだろう（もっとも、そのとき人間の友人になった動物はまだ「犬」ではなく、犬の祖先にあたる別の動物だったはずだ。そして、その「祖先にあたる別の動物」が何であるかもまた、現状では「諸説あります」なのである）。

しかし、見た人がいないからわからないのはしかたがない、とは科学者たちは考えない。彼らは何とかしてその時期を知ろうとして、ある科学者は人と犬とが一緒に暮らしていた遺跡を発掘し、そこから出土した骨を調べる。またある研究者は現代の犬のＤＮＡを解析し、さらに別の科学者は古代の犬やオオカミのミトコンドリアＤＮＡを現生種のものと比較する。彼らは彼らが有効と考える手段を用いて、家畜化の時期を特定しようとしている。

どの方法が、人と犬とが友だちになった時期を知るためにもっとも有効なのかも、現状では断じることはできないのだけれども、科学者たちの努力によって、いずれ決定的と思える研究結果が出てくることだろう。が、現在はまだ、その時期ではない。いまのところ、よくわかっていないのである。

ともあれ、犬が人間の友人になったのがいつなのかはよくわからないけれど、とりあえずほかの動物との比較においては、どんな動物よりも早かった、つまり最古の友人であることは、まず間違いないらしい。

犬と並んでぼくらの身近なペットである猫は、いまからおよそ1万年前に家畜化されたと考えられている。この「いまからおよそ1万年前」は、いくつかの動物が次々に家畜化されていった時期だ。

こうした時期があることは、とくに不思議ではない。あるひとつの種を家畜化することで、人は家畜のメリットを知ることになる。同時に家畜化や飼育のノウハウも手に入れることになるので、では次の動物をと考えるのは自然なことだろう。

猫の少し前には牛が、その1000年ほど前には豚が、さらにその1000年くらい前には山羊が家畜化されたと考えられており、羊の家畜化もこのくらいの時期だろうとされている。馬はこれらの動物と比較すると家畜としての歴史は浅く、5000～6000年前からと考えられる。もちろんこれらの動物にしても、家畜化の時期は

確定したものではないのだが、それにしても犬の家畜化は、代表的な家畜の中でもとび抜けて早かったと考えられるのだ。言い換えれば、犬は人間ともっとも友だち付き合いの長い動物なのである。

付き合いが長いことと相手のことを理解していることは、必ずしも一致するものではないけれど、それでもこれだけ付き合いが長ければ、人は犬のことを相当程度理解しているはずだ。付き合いが長いだけではない。もっとも身近にいて、ともに暮らしてきた「最良の友」なのである。わかっていないはずがない。ほかのどんな動物のことより、よく知っているはずなのである。

そのはずなのだが、実のところ、これははなはだ怪しいと言わざるを得ない。先にあげた家畜化の時期だけでなく、犬という動物についての研究は、ぼくらが想像するほどには進んでいないようなのだ。いや、進んでいない、というのは語弊があって、遺伝子を使った研究を筆頭にして、近年飛躍的に犬のことはわかりつつあるのだけれど、最近になるまで犬は研究対象としてみられることが少なかった。犬を対象にした研究は、まだ始まったばかりと言っていいようなのだ。

また、それとは別に、ぼくらが犬のことをよくわかっていないのは（皮肉なことに）犬があまりに身近な存在だったからでもある。犬が身近だからこそ、ぼくらの中にはあるイメージが生まれ、そしてそのイメージはやがて固定される。ぼくらはその固定したイメージに縛られてしまい、いま目の前にいる犬たちを、素直な目で見ることができなくなってしまっているのではないか、と思うのだ。

【表1-1】主な家畜の家畜化の時期と原種動物

家畜名	家畜化の時期	原種動物
犬	15000～135000年前ごろ	タイリクオオカミ
羊	11000年前ごろ	アジアムフロン
山羊	12000年前ごろ	ベゾアール
豚	11000年前ごろ	イノシシ
牛	10000年前ごろ	オーロックス
猫	9500年前ごろ	リビアヤマネコ
ニワトリ	8000年前ごろ	セキショクヤケイ
モルモット	7000年前ごろ	テンジクネズミ
ロバ	7000年前ごろ	アフリカノロバ
アヒル	6000年前ごろ	マガモ
水牛	6000年前ごろ	アジアスイギュウ
馬	6000年前ごろ	ターパン
ヒトコブラクダ	6000年前ごろ	
リャマ	5500年前ごろ	グアナコ
蚕	5000年前ごろ	クワコ
トナカイ	5000年前ごろ	
ドバト	5000年前ごろ	カワラバト
ガチョウ	5000年前ごろ	ハイイロガン
フタコブラクダ	4500年前ごろ	
ヤク	4500年前ごろ	

「尻尾を振る＝喜んでいる」はほんとうか？

外出から戻った飼い主の姿を認めた犬が、尻尾を大きく振って飼い主を迎える。きわめて日常的な、どこの家庭でも見られる光景ではあるけれども、飼い主にとってはこの上ない喜びだ。なぜならこのとき飼い主は自分の犬が「喜んでいる」と考えているからだ。犬は飼い主である自分のことを好いてくれていて、その好きな飼い主が帰ってきたことを喜んでいると思うから、そのことを嬉しく思い、嬉しいから一日の仕事の疲れが吹き飛んでいく。

そう、ぼくたちは尻尾を大きく振っている犬を見ると「犬が喜んでいる」と考える。この認識はなかなか強烈で、おそらくぼくらが犬に対して抱いているイメージの筆頭だろう。しかしよく考えてみると、これはおかしな、おかしなという言葉が適当でないとしても、ちょっと不思議な話なのだ。

まず、論理的でないのである。

飼い主を迎えるときの犬は、とても嬉しそうな顔をしている。「どういう顔をしていれば嬉しそうと判断できるのか」を説明しろと言われると困るのだが、その表情はやはり嬉しそうに見える。そして飼い主が近づけばその胸に飛び込み、顔を舐めようとする。小型犬であれば「抱っこしろ」とせがむかもしれない。この様子を見て「犬は喜んでいる」と考えるのは、まったく自然なことだろう。おそらく、いや、まず間違いなく犬たちは喜んでいるのだ。

そしてぼくたちの経験上、喜んでいる（と思われる）ときの犬は、ほとんど例外なく尻尾を振っている。「食事だよ」とフードを食器に入れるときも、「散歩に行こう」と首輪やリードを見せるときも、犬たちは嬉しそうな表情を浮かべ、そして尻尾を振る。「犬は喜ぶと尻尾を振る」は事実と考えていいだろう。

しかし、である。「犬が喜ぶと尻尾を振る」が正しくても（数学でいうところの「真」であったとしても）、その逆である「尻尾を振っている犬は喜んでいる」は真ではない。喜んでいる以外にも尻尾を振る理由があるかもしれないからだ。「尻尾を振っている犬は喜んでいる」というためには、犬が尻尾を振る理由に「喜んでいる」以外のものがある可能性が排除されなければならない。

例えば「人は悲しいときに涙を流す」と言ったら、まずたいていの人はこれを正しいと判断するだろう。しかし「涙を流している人は、悲しいと感じている」という言い換えには、これまたたいていの人が「間違っている」と言うに違いない。人は確か

に悲しいときに涙を流すけれど、嬉しいときにも、感動したときにも、あくびをしたときにも涙を流す。涙を流すのは悲しいときだけではないのだ。それを知っているから「涙を流している人は、悲しいと感じている」は正しくないと判断する。

「犬は喜ぶときに尻尾を振る」もまったく同じで、そのまま「尻尾を振っている犬は喜んでいる」にはならないのだが、ところが不思議なことに、こちらはすんなりと受け入れてしまう。

理屈で考えれば、これはおかしいとわかる。ところがぼくらは往々にして「犬は喜ぶと尻尾を振る」を「尻尾を振っている犬は喜んでいる」と、無意識のうちに読み替えてしまうのだ。「犬が喜んでいること」と「犬が尻尾を振っていること」が、ぼくらの中で実際以上の強さで結びついてしまい、「尻尾を振っている犬は喜んでいる」というイメージが固定されてしまったのだ。

散歩をしている犬に出会うと、ぼくたちは「かわいいなあ」と言って近づいていく。犬もこちらが近づくのを見て尻尾を振ってくれているので、あわよくば頭や背中を撫でさせてもらえると期待して、そばに寄っていくのだ。なぜ「頭や背中を撫でさせてもらえるかもしれない」と考えるかといえば、そのとき犬が「尻尾を振っている」から で、尻尾を振っているのだから彼（もしくは彼女）はこちらを歓迎してくれている、自分と出会ったことを喜んでくれていると考えるわけである。このときぼくたちの頭からは「犬が尻尾を振っているのは、喜んでいる以外に理由があるかもしれない」という可能性が綺麗（きれい）に消し飛んでいる。

はたして、このとき犬はほんとうに喜んでいるのだろうか。それとも、それ以外の理由で尻尾を振っているのだろうか。

この疑問に対してひとつの解答をもたらす実験が、イタリア・トリエステ大学のジョルジオ・ヴァローティガラ（Giorgio Vallortigara）らのグループによって行われた。2007年のことだ。

この実験では、雑種犬30頭に対して、「飼い主」「見知らぬ人」「猫」「威圧的な犬」の四者とそれぞれ対面させ、そのときに見せる反応を観察した。犬たちの反応とは、より具体的に言うと尻尾を振る向きと、その振幅である。

研究グループによると、犬たちは、

- 相手が飼い主の場合は尻尾を大きく右に振った。
- 見知らぬ人では飼い主ほど大きくはないものの、やはり右側に振った。
- 猫に対しては、かなり振り幅は小さくなるが、やはり右側に振った。

のだという。つまり相手によって尻尾の振り方が違うということになる。
振る方向や振幅の問題は、ひとまず置いておこう。その前にまず注目すべきなのは、威圧的な犬を見たときにも、犬たちは尻尾を振ったという点だ。

・威圧的な犬と対面したときには左側に振った。

威圧的な犬と遭遇したときの犬の感情として想定されるのは「喜び」ではなく、「警戒」あるいは「不安」だろう。ということは、犬は不安を感じたり、警戒すべき存在に対面したとき（つまり喜んでいるとき以外でも）尻尾を振るようなのだ。

実際に、人が尻尾を振っていた犬に嚙まれるという事故がときおり報告されるが、これなども犬が喜んで尻尾を振っていたわけではないケースだと考えられる。こうした場合、犬は近づいてくる人間を威圧的な犬と同じような「脅威」として見ていた可能性もあるということだ。あるいは最初のうち尻尾を振っていたのは歓迎の意味だったのだが、手を出したときの動きが突然で予期できないものだったりして、瞬時に警戒すべき存在に変化してしまうこともあり得るだろう。たまたま道で出会った犬がかわいいからといって、むやみに近づいて手を伸ばすのは避けた方がいいのかもしれない。仮に手を伸ばすにしても、犬に不安を与えないように気をつける必要はあるだろう。

ちょっと話があちこちに飛んでしまったが、このヴァローティガラらの実験は、犬は喜んでいるときだけでなく、不安や脅威を感じているときも尻尾を振ることを明らかにした。

そうなのだ。「尻尾を振っている犬は喜んでいる」はやはり間違いであり、ぼくらの誤解だったのだ。

さらに言うと、ぼくらは犬が自分より強い存在と出会い、怯(おび)えているときには「尻尾を丸める」「尻尾を巻く」ものだと思っている。現実にそうした姿を見ることはあるので、それは間違いではないだろう。しかし、威圧的な犬と出会い、警戒し、不安を感じるという「尻尾を丸める」のにかなり似た状態であっても、犬は尻尾を振ることがわかった。同じような感情を持ったときに、まったく別の行動を見せることもあるのだ。これはつまり、「喜ぶときは尻尾を振る」「怖がっているときは尻尾を丸める」といった、単純な解釈はできないということだ。

犬はもっと複雑な感情を持ち、その感情を表現する方法も、もっと多様で複雑だと考えるべきなのである。

尻尾は口ほどにものを言うのか？

さて、せっかくなので、この実験についてもう少し詳しく検討してみよう。ここで犬たちは、飼い主に対しては右に大きく尻尾を振り、威圧的な犬に対しては左に振った。

研究グループは、こうした違いは脳の働きと関連しているのではないかと述べている。人間の場合、ポジティブな感情は左脳に、反対にネガティブな感情は右脳に関連していると言われている。犬の場合も同様だ、と彼ら研究グループは考えている。そのために飼い主に抱くようなポジティブな感情のときは左脳の働きが活性化する。左脳とは体の右半身が対応しているから、右半身の動きが活発になって尻尾が右側に振られる。対して威圧的な犬に対するネガティブな感情のときは、右脳に対応する左半身の動きが活発になる（その結果、尻尾は左側に振られる）というわけだ。

たいへんに興味深い仮説ではあるが、ただ現時点でこれを結論とするのは難しい。感情と右脳・左脳との関連については異論があるからでもあるが、体の動きの右左は、感情とは別の要素が関係しているような気もするのだ。別の要素というのはもっとずっと単純な問題で、手や脚の物理的な長さの違い（脚の長さが左右で違うという人はめずらしくないだろう）や、単なる癖とか、そういうことだ。

人間の利き手（右利き、左利き）もそうだし、言ってしまえば馬にだって右利きと左利きがある。とはいえ人間と同じ意味ではなく、右回りのカーブは上手に回れるが左回りだとうまくいかない（これを右利きと呼んでいる）などという競走馬がいるのである（その逆の馬もいる）。

それに、ぼくらが椅子に座った状態で脚を組むときも、右脚を上にするか、左脚を上にするか、人によって違ってくるだろう。動物の動きにとっての右左は、案外面倒なものではないかという気がするのである。

それはさておいて、話を元にもどすと、同じジョルジオ・ヴァローティガラのグループが2013年に行った実験は、こうした犬が尻尾を振る感情表現は、ほかの犬にも伝わっていることを明らかにした。

こちらの実験は43頭の犬に対して、ほかの犬が尻尾を振っている映像を見せて、その反応を観察するというものだ（このとき被験犬に見せる犬の姿は顔の表情がわからないようにシルエットに加工しており、感情を読む手がかりを尻尾だけにしていた）。

その結果、犬たちは右に尻尾を振る映像を見ても落ち着いていたが、左に振る映像を

見たときは心拍数が上がり、不安げな様子を見せたのだという。

　つまり、尻尾を右に振っている犬はこちらに好意を持っているので、とくに注意する必要はないのだが、尻尾を左に振っている犬は、ネガティブな感情を抱いている可能性が高い。少なくとも歓迎はしていない。相手がこちらから攻撃されると警戒しているのか、相手の方から攻撃を仕掛けようとしているのかはわからないが、いずれにしても剣呑（けんのん）な状態である。そのことを犬たちは、相手の尻尾の動きから読んだ。そして、その緊張のために心拍数が上がり、振る舞いも落ち着きを欠いた、というわけだ。

　こうした犬たちの様子を観察したヴァローティガラは、犬たちが相手の感情を読んでいるのは、経験からだろうと考えた。自分以外の犬たちと何度も顔をあわせているなかで、相手が尻尾を右側に大きく振っている場合はおおむねフレンドリーだが、左側に振っているときはそうではないことを学ぶ。その上で自分の態度を決めるというわけだ。

　散歩中の犬同士は、何ということもなく互いに近づき、匂いを嗅ぎあって、友好的な雰囲気のまますれ違うことが多いのだが、いつものように近づいていったら突然攻撃されるという経験をしたとしよう。これを何度か繰り返すうちに、そういえば攻撃してくる犬は尻尾を左に振っていたなと学ぶ、というのがヴァローティガラの見解だ。

なるほど、それも面白い考察だが、この実験はまた、ヴァローティガラらの解釈とは別の捉え方も可能にしている。

多頭数が一緒に飼育されているような環境では（これを「群れの中で」と考えてもいいのだが、犬が群れを作るかどうかは見解の分かれるところであるので、ひとまずこう表現しておく。犬の群れについては、あとであらためて触れることになる）、犬同士がコミュニケーションを取りあって情報を共有することがあるだろう。その手段として尻尾の動きを使っている可能性がある。脅威を感じた1頭が尻尾を左に振ることによって、ほかのメンバーに注意すべき存在があることを知らせるのではないか、というものだ。

犬が尻尾や顔の表情や声を使ってコミュニケーションを取っているのはまず間違いないところだが、そうしたボディランゲージは、あらかじめ共通の理解があることが前提となる。例えば2頭の犬が争っていたときに一方が「腹を見せて寝転ぶ」のは「これ以上、攻撃しないでくれ」という意思を示していると言われるが、双方がそういう認識を持っていないと、その意思は伝わらない。が、これを経験によって獲得した理解だと考えるのは困難で、犬という種がもともと持っているものと考えるべきだろう。この認識を経験によって獲得するものとするなら、多くの場合、最初の経験で

（認識を獲得する前に）取り返しのつかない事態になるからだ。

この実験で犬たちが見せた「尻尾を振る方向」「振幅の大きさ」も、あらかじめ共通に理解されていたものである可能性はないのだろうか。少なくともこの実験からは、それを否定するものは出てこないように思うのだが、そう考えるとますます犬たちの行動が興味深いものに感じられてくる。

犬はどんなときに尻尾を振るのか

このヴァローティガラの実験は有名なもので、「犬は嬉しいとき、尻尾を右に振る」と要約されて紹介されることが多い。そしてその紹介はたいていの場合「あなたの犬が右に振っているか、確かめてみましょう（ほんとうにあなたの犬は喜んでいるのかな？）」みたいな感じで締められることになっている。

それはもちろん間違ってはいないのだが、締めが「あなたの犬が右に振っているか確かめましょう」では何だか肩すかしを食った気分になる。せっかくの興味深い実験なのだから、そんな淡泊な楽しみ方ではなく、もっと存分に味わいたいではないか。

この実験結果や研究グループの解釈は、初めての犬や人に会ったとき、あなたの犬がどんな気持ちになっているのかを想像してみる材料になるだろう。うちの犬は近所のほとんどの人に対しては右に振っているけど、山田さんの奥さんだけには左に振るなあ。人間から見ると山田さんの奥さんがほかの人と比べてとくに変わっているようには見えないんだけれど、犬には違って見えるのかなあ、どこが違うんだろう、などと考えて楽しめるわけである。

もちろん、これはあくまで「想像するための材料」であって、この研究グループの解釈をそのまま受け入れるということではない。ぼく自身、これについては「そういう実験結果もある」くらいに考えている。ひとつの実験、ひとつの研究だけで、なにがしかの結論が出ると考えるのは危険だろう。この実験にしても、たいへん興味深いものではあるが、かといってこれを唯一の結論とするのは早計と言わざるを得ないのだ。

とは言ったものの、「ほんとうにあなたの犬は喜んでいるのか?」と言われたら気になるのも人情だ。さっそくわが家のチワワ、コテツの尻尾の振り方を観察してみたのだが、これが何度見ても「大きく左右に振っている」としか見えない。振り幅が左右で違っているようには見えないのだ。まあ、右に大きく振ろうとするために、左にも振れてしまうのだろう、それだけ喜びの度合いが大きいのだ、と考えることにしよ

う。

しかし「犬が尻尾を振るのは喜んでいるときだけではない」のを説明するには、実のところこのヴァローティガラらの実験を持ち出すまでもないのである。喜んでいるとはとても思えない状況でコテツが尻尾を振っているのを、ぼくは何度も（常に、と言った方がいいくらいの頻度で）見ているのだ。

中には「これはどういうつもりで尻尾を振っているのだろう」と考え込んでしまうこともある。ひとつ例を挙げると、抱っこをしていたり膝の上に座っていたりしたコテツを床に下ろすとき、彼は尻尾を振ることがあるのだ。

このときのコテツが喜んでいないのは明白だ。彼は抱かれるのがひじょうに好きな犬であって、ぼくがリビングのソファやダイニングチェアに座っていると、脚元にやってきては前脚でぼくの脚をちょんちょんと叩く。抱っこしろ、と言っているのだ。彼にはソファやダイニングチェアに飛び上がるだけの脚力はあって、実際に自力で飛び上がってそのままぼくの膝に乗ってくることもあるのだが、抱き上げるのを要求することも多い。抱き上げてあげると、腕の中や膝の上で全身の力を抜いて（リラックスというよりはむしろ弛緩（しかん）と表現した方がいいくらいにだらっとして）、場合によってはそのまま寝息を立てはじめるのだ。

そんなコテツにとって膝から下ろされるのは歓迎すべき事態ではないと思うのだが、彼は尻尾を振る。なぜだろうか。

このときのコテツの心情を推測すると、おそらく抱え上げられたとき彼は「下りたくない」「嬉しくない」と思っているだろう。下ろされたことへの不満あるいは不服、それに抗議する気持ちが生じているのではないかと思われる。そういうときにも、犬は尻尾を振るようなのだ（ちなみにヴァローティガラの解釈にしたがうなら、このときのコテツの感情はネガティブなものなので、尻尾は左に振ることになるだろう。しかし、ぼくの見る限り、左に偏った振り方はしていない。まったくどうもうまくいかないものである）。

そして、もうひとつ考えられる理由がある。実はこちらの方がより可能性が高いのだが、ぼくがコテツを床に下ろすとき、コテツの体が左右のどちらかに傾くことがある。彼にとってはこれから着地すべき地面に対して体が傾いているわけで、ひじょうに不安定な状態にある。そこで体のバランスを取って正しい体勢を取ろうとして、尻尾を動かしていると考えられるのだ。そしてバランスを取るために振っているのであれば、振る方向は体の向き次第なので、左に偏らないのも当然なのだ。

実際は彼の体はぼくが保持しているので、コテツが尻尾を振ってバランスを取ろう

としても体勢自体に変化はないのだが、コテツにとっては無事に着地するために必要な動作なのである。つまり、このときのコテツは気持ちや感情とは無関係に尻尾を振っていることになる。

そもそも犬の尻尾は体のバランスを取ったり、方向転換時の舵の役目も負っている。感情表現やコミュニケーションのためにも使うが、それは尻尾の役割の一部に過ぎない。しかも（これまで見てきたように）感情表現についても「喜び」だけでなく、警戒や不安、怒り、敵愾心（てきがいしん）など、さまざまな感情を表しているのだ。「喜んでいるときに尻尾を振る」ということが、犬たちが尻尾を振るシチュエーションの中では、ごくごく一部に過ぎないことがわかるだろう。

そうそう、犬の尻尾にはもうひとつ、とても重要な役割がある。これは犬に限らず、馬や牛など多くの動物に共通するのだが、それは蠅や蚊などの虫を追い払うというものだ。蚊などを媒介とする病気から身を守るため、自分の命を守るために彼らは尻尾を振っているのである。

庭駆け回る犬と炬燵猫

先ほどからぼくは「犬に対するイメージの固定」ということを言っているのだけれど、これについて、もう少し丁寧に触れておく。

例をあげよう。

歌詞に犬が出てくる歌で間違いなくもっとも有名なのは、童謡の『雪』だろう。「雪やこんこ　あられやこんこ」で始まる、あの歌である。

犬が登場する2番の歌詞は次のようなものだ。

雪やこんこ　あられやこんこ
降っても降っても　まだ降りやまぬ
犬は喜び庭駆け回り
猫は炬燵（こたつ）で丸くなる

これを見て、「あれ、犬が出てくるのは2番だったっけ?」と思った人がいるかも

しれない。この歌はたいへん有名なわりに間違って覚えている人も多く、とくに1番の前半に2番の後半（犬のくだりだ）を繋げて、それを1番だと思っているパターンが多いようだ。実際にこの部分は、情景の切り取り方も、犬と猫とを対比させた表現もたいへんに見事であって、そのためにひじょうに印象強いものになっている。これを1番だと思ってしまう人が多いのも頷けるのだが、その印象の強さが、イメージの固定をもたらすことになる。

そもそもこの歌詞は、犬と猫の生態の違いや動物としての特徴を述べたものではない。雪というのは面白いもので「降ったり積もったりすると、不思議にわくわくする」ものであると同時に「厳しい冬の寒さに、じっと耐えなければならないつらさの象徴」でもあるという二面性を持つ。そのことを犬と猫の姿を使って表現しているのであって、犬というのは雪を見るとテンションを上げて走り回る動物だ、猫というのは寒さが嫌いで炬燵が好きな動物だ、と言っているわけではないのだ。

しかし、その犬と猫の描写には、多くの人たちが漠然と抱いているそれぞれの動物に対するイメージも上手に使っていて、その点でもひじょうに優れている。その卓越した表現のために、「犬とは雪の中を喜んで走り回るくらい活動的な動物」「猫は寒がりで炬燵が好き」というイメージが形成され、それが繰り返し歌われていくうちに強化され、そして固定されていく。そうなると、うちのコテツのように、雪が降るような寒い日には外に出ようとせず、暖かい部屋の中でぬくぬくしている犬は、「犬のくせにだらしない」とか「猫みたいな犬だ」とか言われてしまうことになるのだ。

もちろん雪の中を走り回るのを苦にしない、あるいはむしろ好む犬もいるだろう。しかし実際の犬は野原を駆け回る活動的な時間を持つと同時に、より多くの時間をのんびりぼんやり過ごす動物でもある。

というより、たいていの動物は食べている時間（や食べるために狩りをする時間）以外はボーッとしているものだ。ライオンのような大型のネコ科動物でも、馬や牛のような草食動物でも、その事情は変わらない（草食動物の場合、食べるのが栄養価の低い草なので、必要な栄養をとるために草を大量に摂取する必要があり、そのぶん食べている時間が長くはなるが）。

そこは犬も同じで、犬を飼っている人は「犬はたいていの時間、寝ているか、寝ているのかと勘違いするくらいのんびりしている」ことを知っているだろう。

つまり『雪』の歌詞によって形作られた「犬とは（雪の中でさえ喜んで走り回るような）活動的な動物である」というイメージは、間違いとまでは言えないまでもごく一面的なものに過ぎず、犬という動物を正しく見るためには邪魔になる、犬を理解す

るための妨げになる可能性がある。誤解の元になってしまうのだ。

すでに述べたように「尻尾を振っている犬は喜んでいる」も、同じである。犬は喜ぶときに尻尾を振るというイメージが強化され固定された結果、「尻尾を振っている犬は喜んでいる」という逆転現象まで生んでしまった。

こうした逆転現象は往々にして起きることではあるけれど、犬絡みのケースではとくに起きやすいのではないかと、ぼくは考えている。

冒頭に近いところでも述べたように、犬という動物がぼくら人間にとってとても身近な存在であり、人の生活に深く関わっていることが、その大きな理由だ。

犬はまず何といっても、話題になることが多い。『雪』の歌詞が絶大な影響を持ったのも、この歌が知らない人がいないくらい有名で、しかもぼくらは幼いときから繰り返し繰り返しこの歌を口ずさんできたことが大きい。いくらいい歌詞でも、知られていなければ、存在しないのと変わらない。

もうひとつは、身近にいるだけにその姿がイメージしやすいことだ。ぼくらは「雪の中を喜んで駆け回っている犬」や「炬燵で丸くなっている猫」の姿を容易に思い浮かべることができる。これは犬や猫だからできることで、アルマジロとかカモノハシとか、あるいはオキナワトゲネズミといった動物では、そもそもその姿を画像として結ぶことすら難しい。イメージを強化、固定する以前に形成できないのだ。

また、イメージしやすいとは、言葉を換えると「わかりやすい」ということになる。このわかりやすさに、ぼくらは引きずられるのだ。

雪が積もった庭に放り出された犬は、実際にはどんな行動を取るだろうか。見たことのない白く冷たいものが何なのかを判断しようと、匂いを嗅いで鼻先を雪に突っ込むかもしれない。あるいは前脚で雪を叩いて、硬さや肌触りを確認するかもしれない。しかし、その姿は「喜び駆け回る」のに比べると、格段に「わかりにくい」。このわかりにくさは、ぼくらにとって決して望ましいものではない。イメージが結びにくいからだ。

そう、「正確なわかりにくさ」より「不正確なわかりやすさ」の方が、はるかに容易にぼくらの心に入り込むのである。だからぼくたちは「雪の積もった庭で実際に犬がどうするか」ではなく、よりわかりやすいイメージを「犬の姿」として採用することになる。

その結果、犬は(もしかすると猫も)人にとってもっとも身近な動物であるにもかかわらず、間違った(少なくとも正確ではない)イメージを持たれてしまっているのではないかと思うのである。

両極端に走る、犬のイメージ

犬が人の生活に深く関わってきたことの証拠のひとつとして、ぼくらが日常的に使う言葉の言い回し、慣用句やことわざの類に、犬が登場してくるものがたいへん多いことがあげられるだろう。ちゃんと数えたわけではないし、そもそも正確に数えることがぼくにはできないけれど、おそらくその数は、ほかの動物を圧倒しているのではないかと考えられる（余談だが、犬以外に思いつく言葉が多いのが、意外なことに馬だ。現在は圧倒的多数の人たちにとって身近とはとてもいえないけれど、登場する慣用句の多さがかつてこの動物が人と密接な関係にあったことを伺わせる）。

ところが、その犬にまつわる慣用句、ことわざからは、あまり犬に対するいいイメージが感じられない。「いいイメージがない」と言うのはかなり控えめな表現で、むしろ「酷い」と言った方がいい言葉も少なくない。「犬は人間の最良の友である」とか、いったいどの口が言っているのかと思うほどである。（巻末付表参照）

例えば「江戸いろはかるた」の「い」に登場する「犬も歩けば棒に当たる」。あまりにも有名なことわざだが、現在ではふたとおりの意味を持っている。もともとの意味は「ふらふら歩き回らずにじっとしていればいいのに、むやみに出歩くから棒で叩かれるような不運に出会う」だったが、のちに「とにかく行動を起こせば、思わぬ幸運に出会うことがある」というまったく逆の意味でも使われるようになった。

この言葉においては犬は「じっとしていればいいのに、それがわからずにふらふら歩き回る」存在である。道理がわからないとか、人の言うことを聞けないとかいうニュアンスであって、あまり褒められた立場ではないことになる。ただ、こうした扱いは、ことわざの中ではかなり優しい部類に入る。

「痴犬石を逐う」になると、さらに「愚か者」感が強くなる。これは「(優れた)獅子は矢を射たれると(矢を射た)人間を襲うが、愚かな犬は石を投げられると、その石を追いかけていってしまう」という言葉だ。問題が起きたとき、優秀な人はその問題の因果関係を把握して根本的な解決を図れるが、愚かな人(これに犬が擬せられている)は問題の原因すらわからない、ということである。

「夫婦喧嘩は犬も食わない」は「夫婦喧嘩はどうせすぐに仲直りするのだから、放っておけばよい」という意味の言葉だが、なぜここに犬が出てくるのかといえば、犬というのは何でも食う下衆な動物だが、その犬でさえ見向きもしない、ということを言っているのだ。犬を低い位置におくことで、夫婦喧嘩のつまらなさと強調している

わけだ。

この言葉のバリエーションに「夏の蕎麦は犬も食わぬ」とか「夏の風邪は犬も食わぬ」といった言葉もある。「犬は何でも口にする卑しい動物だ」という認識は、なかなか強固だったようだ。このパターンの極めつけは「食うだけなら犬でも食う」だろう。「ただ食って生きているだけなら犬だってやっている。それでは人間として生きる価値がない」という意味だ。

「羊頭狗肉」といえば肉屋の店頭に羊の頭を掲げ、おいしい羊の肉を売っているように思わせながら実際には犬の肉を売ることから、一見すると価値があるように見えるが、実際は価値がない、見かけと実態が一致しないことを指す。食肉としての価値ではあるが、犬は羊にも劣ると言われているわけである。

さらに「犬死」といえば「無駄な死」とか「無残な死に方」であるし、勝負に負けて惨めな姿を晒すのは「負け犬」だ。そんな弱い者が相手の攻撃が届かないくらいの遠くから（つまり卑劣にも自分の安全は確保した状態で）口汚く相手を罵るのは「（負け）犬の遠吠え」だ。

権力を持つ者に取り入って、その手先になるのが「権力の犬」。尻尾を振って、喜んで人のあとを追いかける犬の姿が元になっているのだが、この場合は権力に媚びて取り入る、卑しい存在として規定される。「（権力者に）尻尾を振ってついていく」という表現もあるが、これももちろん犬を想定しての言葉になる。ちなみに権力者の手下のことを走狗（そうく）というが、これももともと猟犬のこと。主人に命じられるままに動く存在というわけである。

こんなふうに、ことわざや慣用句においては犬には「愚か者」「卑怯者」「服従するもの」（もう少し穏やかな言葉遣いをするなら「従順な存在」）といったイメージが強いのだ。

もっとも「犬馬の労（を取る）」のようないい意味の言葉もないわけではないのだが、これにしても「犬や馬のように目上の人に従順で、その人に喜んでもらうために、骨を惜しまない」ということであって、犬の持つ従順さが人間にとって都合がいいというだけのことだ。

もちろん犬にはそうした面もないわけではないが、あまりにも一面的な物言い、固定されたイメージであって、まったく犬にしてみればたいへんな迷惑だろう。

しかし一方では、とくに現代において、これとはまったく正反対の「犬像」が語られている。

従順だなんてとんでもない。犬は人間を支配しようとしている、というのである。

Part 2

ぼくらの犬は暴君なのだろうか

「しつけ」の不思議

犬と暮らそうとするときに最初にしなければならないことであり、同時に犬と暮らすにあたって最大の課題になるのが、しつけだ。

かつては日本でも犬といったら屋外で飼うものだったが、そのころはしつけについてはさほど問題にならなかった。ぼくも子どものころに雑種の犬を飼っていたが、しつけなんてほとんどしなかった（言い訳をするわけではないが、当時はおそらく大多数の飼い主がそうだったはずだ）。

朝ご飯をあげたあとは、田舎のことでもあって繋いであった鎖を外し、まったく犬の自由にさせておく。夕方になると犬は自分の小屋に帰っているから、ふたたび鎖で繋いで夕ご飯を食べさせる、といった感じだった。犬と遊ぶのは、こちらが外で遊んでいるときに、たまたま犬も近くにいれば、撫でたり散歩したりするくらいのことだった。そんなほとんど放し飼いにされている飼い犬が、あちこちにいたのである。

まったく隔世の感があるというか、屋内飼いがあたりまえのいまとなっては信じられないような飼い方をしていたのだが、現在では犬としつけはセットになっていると言っていい。初めて犬を飼うときにはしつけについての情報を集めるのが必須であって、実際に書店には目がくらむほど多種多様な犬のしつけ本が並んでいる。人気犬種になると、その犬種に焦点を当てた専用しつけ本も、ずらりと並ぶことになる。

その様子は壮観でもあるが、「犬のしつけ」はある種の圧力にもなっていて、動物は飼いたいが犬はしつけをしなければならないから嫌、という人がいるくらいだ。

しかし考えてみると、しつけが必要な動物も、そしてしつけが可能な動物も、実はあまり多くない。そのどちらにも当てはまる犬という動物は、ほんとうに不思議な動物だといえる。

しつけが必要になる動物とはどんなものかといえば、まず第一に「人と生活空間を共有するもの」ということになる。犬や猫のように、人の家の中で、人と一緒に暮らす動物だ。

屋内飼育であっても、魚類やカメをはじめとする爬虫類、あるいはカブトムシのような昆虫、それからハムスターのような小動物は、基本的に水槽やケージの中にいるので、生活空間を共有しているわけではない（と言ってしまったものの、知り合いに陸ガメを飼っている人がいるのだが、彼女はカメを家の中で放し飼いしていると最近知った。そういう人もいるから、断言してしまうのはいけないのかもしれない）。と

ころが犬と猫はほとんどの時間を人と同じ空間で過ごすので、その空間の中で人と動物がともに快適に、そして安全に過ごすためには一定の訓練が必要になるわけである。

快適に暮らすための訓練とは、例えば「排泄は決まった場所でする」とか「家の中にあるものをむやみに移動させない」といったことになる。犬がうんちをするたびに家の中を拾って歩くのはたいへんだし、うんちをする場所が決まっていなければ、知らずに踏んでしまうことがあるだろう。そもそも衛生上の問題もある（例の知り合いの陸ガメは、なんとふだんからおむつをしているのだそうだ。「しつけができないからしかたない」とのことである）。また「家の中にあるものをむやみに移動させない」のも、地味だが重要だ。部屋の中にあるものを犬が咥（くわ）えて動かしてしまったら、ぼくらはほとんど一日中、探し物をして過ごさなければならないだろう。

また、安全に過ごすためには「電気のコードをかじってはいけない」とか「床に落ちているものを拾って食べてはいけない」ことを教える必要がある。コードをかじって感電したり、喉にものが詰まったりして、それこそ犬自身の命に関わるからだ。

しつけをすべき動物のふたつ目は、人と一緒に何らかの作業をするものだ。この「何らかの作業」には「遊ぶ」ことも含まれる。一緒に遊んだり仕事をしたりする動物には、しつけが必要になる。

そもそも人が動物と何かをするには、その動物が「人が近くにいて、体に触ったりすることを嫌がらない」ことが最低条件になる。人から逃げもせず、攻撃も仕掛けてこないようにならなければいけない。その上で、「近くに来い」「動かずにそのままいろ」「走れ」「追いかけろ」というような、作業に必要な動きもできるようになってもらうのだ。

では、しつけができる動物とはどういった動物か。ひとまず「人が一緒に何らかの作業をしている」動物は、「しつけが可能」と仮定してみよう。サーカスや水族館でショーを見せてくれる動物たちをはじめとして、猿回しの猿、鵜飼いの鵜、鷹匠の鷹（ハヤブサ）、犂を曳いて農作業を手伝ってくれる牛、人や荷物の移動・運搬を担う馬やロバにラクダ、それから我らが犬、といったところだろうか。

しかし、これらの動物のうちの多くは、厳しい条件の元でしつけが行われている。特別で高度な技量を持った訓練技術者（調教師、鵜匠、鷹匠など）が、適性を充分に吟味して選抜した個体に対して、厳しい訓練を積むことではじめて共同作業ができる、といったものだ。はたしてこれを「（動物種として）しつけができる」と言っていいのか、かなり疑問ではある。特別な個体と訓練者でなくてもしつけができると言えるのは（作業自体が極めて単純な牛を除けば）、犬とせいぜいが馬くらいではないだろ

うか。

　その馬にしても、実際はそう簡単ではない。ほとんどの個体に対してしつけをすることはできるが、かといって誰にでもできるというものではないのだ。

　とくに競走馬や競技馬術の乗馬のように、人が背中に乗って速度や進路を変えながら走ったり、障害を飛び越えたりができるようになるには、やはり訓練者には特別な技術が必要になる。その前段階となる、人が近づいて、体に触るのを許し、背中に鞍を置かせて、乗ることができるようにする（この作業を「馴致（じゅんち）」という）だけでも、なかなかたいへんだ。とにかく馬という動物は体が大きく、力も強いのだ。誰でもできることではない。

　一定の技術がなくても（はっきり言ってしまえば、初めて扱うような素人でも）、やり方を間違えなければちゃんとしつけができるなどという動物は、ほとんど犬だけだろう。犬とは、すごい動物なのである。

　なぜ犬だけがそんなことができるのか、というのは本書の大きなテーマであって、あとで詳細に考察することになるのだが、ここではまず「犬はほかの動物にはできないことができる動物である」ことを確認しておこう。

しつけ本信ずべし、しかもまた……

犬のしつけは素人でもできる、と訓練士とかトレーナーと名乗る人に叱られそうなことを書いたが、やはりそれにはやり方があって、方法を間違えたら何にもならない。だからぼくら素人はしつけ方を学ばなければならないのだが、もっとも手っ取り早いのはいわゆる「しつけ本」を読むことだろう。

すでに書いたようにしつけ本はよりどりみどりなのだが、まずこのしつけ本の選択からして、素人には難しい。

まず、本によってけっこう書いてあることが違うのである。しつけ本の執筆者や監修者は、職業も学者であったり獣医であったりトレーナーであったりとさまざまで、バックボーンもそれぞれが異なっている。何より犬のしつけとか、あるいは犬そのものについての見方も違っているのだ。

それ自体はあたりまえというか、ひじょうに健康的な状態なのだが（しつけの方法がひとつしかない、自分の採用している方法以外は間違っているといった考え方は、明らかに不健康である）、では、どの本に書かれている情報を採用すればいいのかの

判断が難しいのだ。

ぼくの場合、とりあえず情報のソースが一箇所に偏らないよう心がけた。一冊のしつけ本に頼るのではなく、できれば複数の本に目を通す、ネットでも信頼できそうなサイトを探す、といったところである。

そして、こちらがより重要なのだが、信頼できそうな情報があっても、それだけが正しいとは思わないことである。別の本にはまた違うことが書いてある可能性がある。これだけ多種多様なしつけ本が出ているのだ、中身がみんな同じはずがない。別の考え方が、ほぼ間違いなく存在するのである。いま手にしている情報はあまり有効ではないか、あるいは最悪の場合、間違っている可能性もあるのだ。

かの文豪、菊池寛は「我が馬券哲学」という随筆の中で「(○○という馬が来る来ないといった類の)情報信ずべし、しかも亦信ずべからず」と書いたが、それに倣って言えば「しつけ本信ずべし、しかもまた信ずべからず」なのである。

そもそも、そして何よりも、生身の犬は本に書いてあるようにはならないという、これまたあたりまえの問題がある。

うちのコテツのケースでは、トイレトレーニングでちょっとだけ苦労した。

あるしつけ本には「ケージの中にトイレシートを置いておけば、シートに排泄する」と書いてあったのだが、そのとおりにしてもコテツはケージ内のシートにはしてくれなかったのだ。

その本の趣旨はやや乱暴で、「ケージ内のシートに排泄するまでケージから出すな」ということなのである。ずっとケージの中にいれば、我慢できなくなればケージの中で、おそらくトイレシートの上にするだろう。一度トイレシートにしてしまえば、あとは放っておいてもシートにするようになる、ということなのだ。

そんなものかと思ってそのとおりにしてみたのだが、コテツはいっこうにケージの中でしようとしない。こちらは「まだしたくないのかな」と思うし、ずっとケージの中に入れておくのもかわいそうだし、何よりそれではこちらがコテツと遊べなくて面白くないから、ちょっとケージから出してみる。そうすると、それまで我慢していたのかどうかわからないが、コテツはケージの外でおしっこをする、というわけである。

また別の本には「犬は狭いところ、囲われているところが好きで、そういう場所が落ち着く。排泄は落ち着いた場所でしたいので、壁際や部屋の隅にトイレを設定してあげるといい」と書いてある。そうかそうかと部屋の隅にトイレシートを置くのだが、そこにもしてくれないのだ。おそらく部屋の隅であればいいというわけではないのだろう。部屋の隅というだけでなく、何かほかにもトイレとなるべき条件があるのだ。

そこでぼくは、しばらくコテツの好きなようにさせてみることにした。とりあえずどこにもシートを置かず、好きなところでさせて、どこで排泄をするかを観察してみたのである。すると、コテツが排泄する場所には傾向があって、よくする場所が何箇所かあることがわかった。しつけ本にあったような壁際もあったし、周囲にまったく壁のない、部屋の真ん中もあった。どんな基準なのかはわからないが、やはり排泄したくなる場所、できる場所があるらしいのだ。

ぼくはその中で、ぼくら人間にとってもっとも都合のいい（人間の生活にいちばん邪魔にならない）場所に、トイレシートを置いてみた。そして、コテツがトイレシートの上に排泄したときには彼を褒め、それ以外の場所にしたときは黙ってただ片付ける、ということをしてみたのだ（これはしつけ本の教えである。とくにシート以外でしたときに叱ってしまうと、排泄行為そのものを叱られたと感じてしまう。それが隠れて排泄したり排泄自体ができなくなったりという問題行動に繋がるおそれがある、としつけ本には書かれていた。これはひじょうに納得できるものであって、遠慮なく採用させてもらった）。

それをしばらく続けると、コテツはトイレシートの上でだけ排泄をするようになった。シートのないところにはしなくなったのである。彼のトイレが決まったのだ。そしてさらに不思議なことには、ケージの中に敷いていたトイレシートでも排泄をするようになったのだ。もっともケージの中のトイレシートは予備というかエマージェンシー・シート(?)であって、メインのトイレ付近に人がいるなどの事情で使えないときだけ、ケージの中のシートを使うのだ。

そしてさらに驚くべきことに、コテツは「シートのある場所がトイレである」と認識したらしく、初めての場所でもシートを置いておけばそこで排泄をするようになった。

これってすごいと思いませんか。

と、驚いているのはぼくだけらしく、しつけ本には「シートがあればどこでもできるようになります」と書いてある。どうやら犬にはふつうにできることらしいのだが、それにしてもこの著者はよくそんなに冷静でいられるなあと思ってしまうのだ。あの白い30センチ×40センチほどのただのシートをトイレだと認識するのは、いったいどんな脳のメカニズムなのだろう。

あるしつけ本には、犬はシートを足裏の感触で判断していると書いてあるのだが(だからトイレトレーニング中は、トイレシートと感触の似ている敷物などは部屋に置くな、というのだ)、これは違うような気がする。トイレシートというのは製品に

よって（端的に言うと値段によって）まったく感触も、そして色合いも違うのだが、コテツはシートの銘柄が変わってもまったく混乱しないのだ。厚みもたっぷりあるフワフワのシートでも、薄さが取り柄のようなペラペラのシートでも、間違えることはない。

シートがいつもの場所に置かれているのであれば、彼がトイレを認識しているのはシートだけではなく、場所そのものであると考えることもできるが、初めての場所にシートだけが置いてあっても、ちゃんとそこがトイレになるのだ。シートだけで判断しているのである。

訓練士とかトレーナーといった人たちは、もしかするとトイレシートも施設で一括購入したひとつの製品だけを使っているために銘柄間の比較ができないのかもしれないが、犬は足の裏の感触とか色とかといった、単純な要素だけでトイレを認識しているのでは、おそらくない。では、彼らがあれをトイレだとみなしているのはなぜなのか、ぼくには不思議でしかたがないのだ。

犬と暮らすというのは、そんな驚きの連続なのである。だから面白い。

というわけで、コテツのトイレトレーニングは、しつけ本に書いてあるとおりにはできなかった。が、それでも結果的には成功したと言っていいだろう。しつけ本に書いてあることだけが正解ではなかったわけである。ただ、ぼくの採った方法は超小型犬の幼犬だからできたことで（おしっこもうんちも量が少ないからだ）、もっと言えばコテツという犬にたまたまあっていただけかもしれないので、ほかの犬に奨めることはできないが。

しつけ本はありがたいものではあるけれど、そこに書いてあることがすべてではない。そこに書いてあるとおりにできなくても、それは犬のせいではない。本のとおりにできないからと、犬を責めるのは間違っている。しつけ本に犬をあわせるのではなく、犬を見てしつけを変えるべきであることは、ぼく自身がこのトレーニングで確認できたのだった。

飼い主の「べからず」

先ほども書いたように、ぼくは犬のしつけとは「人と犬がともに快適に、そして安全に過ごすために必要な訓練」だと思っている。トイレトレーニングなどはまさにこのとおりのものだし、リーダーウォークや「待て」は犬の安全のためにも必要なことだと考えている。飼い主がどこを触っても嫌がらないのもそうだ。

しかし、しつけ本に書いてあったり、一般に広く言われているしつけの中には、これがどうして「快適で安全な生活」に繋がるのか、まったく理解できないものも少なくない。

よく見かけるのが、例えば、

「犬に人間より先に食事をさせてはならない。犬の食事は人間のあとにすること」

「散歩のときも、犬に人より前を歩かせてはいけない」

「犬を人より高い位置に置いてはいけない（人の目よりも高い位置に抱き上げる、寝転がっているときにお腹の上に上らせる、など）」

「犬を人と一緒のベッドで眠らせてはいけない」

といったようなことである。

自慢ではないが（実際、自慢するようなことではないが）、ぼくはこれらの禁止事項すべてをコテツに対してやっている。

コテツの食事時間は朝夕とも家族の誰よりも早いし（夕飯にいたってはどうかすると4時間くらい人より早いことがある。まあ、人が遅いのだが）、散歩ではコテツが前になったりぼくが前になったりするのがあたりまえだ。ぼくがソファに横になっていると、コテツは必ずお腹に乗ってきて、自分もそこで寝息を立てる。お腹の上で寝

返りを打ったり、ずりずりと這い上がったりして、最後はほとんど顔をぼくの顔にくっつけて眠っている。そして夜になると、コテツはほぼ毎日、妻のベッドに潜り込む(そしてお腹の上で寝ているそうだ)。

また、これはしつけ本に書いてあったのではなく「あるしつけ教室の講師が言っていた」こととして、ウェブ記事で読んだ話なのだが、

「犬を自転車のカゴなどには載せてはいけない」

というのもあったそうだ。

自転車のカゴは高い位置にあるからだそうで、「人より高い位置に置いてはいけない」の変形(応用?)なのかもしれないのだが、これがいけないとなると、コテツがずいぶんと残念がることだろう。ぼくは片道4〜5キロくらいの距離にある公園やホームセンターにコテツを連れていくことがあるのだが、さすがにそのくらいの距離になるとチワワのコテツと歩いていくのはちょっとつらいので(道草を食いながらになるので、何時間かかるかわからないのだ)、サイクリングがてら自転車で出かけることになる。

うちには自転車の前カゴにぴったり嵌(は)まる大きさのソフトキャリーバッグがあり、コテツはそのバッグに収まって前カゴに乗り込むのだ。バッグには飛び出し防止のリ

ードがついているし、そのバッグもベルトをハンドルに固定するので、コテツがカゴから飛び出す心配はない。そして、チワワとしては大柄なコテツが座るとちょうど頭がバッグの外に出る格好になって、とても具合がいいのである。

このサイクリングが、コテツは大好きなのだ。キャリーバッグを取り出すと、部屋のどこにいても猛烈な勢いで走ってきて、そのままバッグに飛び込んでくる。これは比喩でも何でもなくて、ほんとうにバッグの中にダイブするのである。

自転車で走っているときのコテツは、風を受けて気持ちよさそうに、静かに流れていく景色を見ている。ときおり、確認するかのように振り向いて、運転しているぼくのことを見上げるが、頭を撫でてやると(片手運転になるから、こういうことをやってはいけない)、また景色に視線を戻す。こんなに楽しいことが、ほんとうはいけないことだなんて、かわいそうでコテツにはとても言えない。

しかしなぜ、人より先に食事をしてはいけないだの、前を歩いてはいけないだのということになるのだろうか。

そういうことをすると、犬が人間より偉いと考えるからだ、と「人より先に食べてはいけない」派の人たちは言う。

犬は群れで暮らす動物であって、群れにはリーダーがいて、さらにメンバーにははっきりとした序列がある。そして、序列上位のものから順番に食事をするのが、犬社会のルールなのだ。人間より先に犬が食事をすると（犬は家族を「犬の群れ」と同様に見ているから）、自分が人間より上位の存在であると考えるようになる。

というのが、「人より先に食べてはいけない」派の主張なのだ。

人より先に食事をしてはいけないのは、優先されるのは人間であることを知らしめるためだ。まず上位の人間が食事を楽しんでから、下位の犬が食べられるという「ものの順序」を徹底させる必要がある。人より前を歩かせないのも、人より高い位置に置かないのも、人と一緒のベッドで眠らせないのも、すべて犬に「自分が偉い」と思わせないためだ。そこをはっきりさせておかないと、犬は自分が人間（飼い主）より優位の存在であると考えるようになり、人間を自分にしたがわせようとする、と言うのである。

そして、彼らが言うには、これは犬の本能がなせる業（わざ）なのであって、犬とはもともと「あわよくば人の上位に立って、自分の思いどおりにふるまおうとする」動物なのだという。

つまり、犬は人間を支配しようとしている、というのだ。

問題行動は「支配欲」から

もっとも「支配」といっても、映画『猿の惑星』で猿たちが人類を支配したような形のものではない。犬が社会全体の支配者となって、人間以下の生物をその傘下に置こうというわけではないのだ。あくまで家庭の中で、飼い犬が飼い主より上位の存在となって、自分の好きなように振る舞おうという程度のものではある。

が、自分を人間より偉い存在だと思ってしまった犬は、人の言うことを聞かず、飼い主に吠えかかり、近づくものには嚙みつくという、まるで手に負えない存在になってしまう。人が「問題行動」と呼ぶ行動である。飼い犬がそうなってしまった人にとっては、とても「その程度のもの」ではない、深刻な問題であることは間違いない。

そうした犬の問題行動は、「権勢症候群」と呼ばれている。

この権勢症候群という考え方のベースにある犬社会の姿は、（繰り返しになるが）おおむね次のようなものだ。

1　犬は社会的な動物であり、群れで行動する。

2　犬の群れには明確な支配的序列が存在する。

3　序列最上位の個体が群れのリーダーとなり（序列最上位の個体を「アルファ」と呼ぶ。序列最上位のオスが「アルファオス」、メスが「アルファメス」となる）、群れを支配する。

4　犬にはアルファ個体になろうとする「権勢本能」が存在し、群れのリーダーになろうとする。

権勢本能が原因で起きる問題行動だから、権勢症候群というわけだ。

権勢症候群の犬は、自分が家族という群れの中で最上位個体になったと考えており、群れの構成員（人間の家族たち）はすべて自分の支配下にあるとみなしている。したがって、人間の指示にはしたがわず、逆に自分に対して命令しようとしたものは序列を無視した反逆者として攻撃する、というわけだ。犬が自分をアルファ個体になったと考えていることから「アルファ・シンドローム」と呼ぶこともある。

この考え方によると、犬が問題行動を起こすのは本能のため、ということになる。つまり、すべての犬が生得的に持っている資質、行動形態だということだ。つまり言葉を換えると、「すべての犬は、下位の存在である人間を支配しようと考えている暴

君である」ということになる。

しかしそれでは人と犬が「快適に、安全に暮らすこと」はできない。少なくとも人間にとってはそうだ。犬がペットとして人の家庭で暮らしていくためには、権勢本能を押さえ込んで、表面に出てこないようにする必要がある。そして、犬の権勢本能を押さえ込むのがしつけなのである、というのが、「人より先に食べてはいけない」派の考え方なのだ。しつけとは犬の権勢本能が表面化することがないようにするものであるから、犬が人間より偉いと考えてしまいそうなことは、すべて排除しなければならないのである。

そして実際の生活において、犬が人間よりも偉いと考えてしまいそうなことというのが「人より先にご飯を食べてはいけない」であり、「人より前を歩いてはいけない」であり、「肩より高く持ち上げてはいけない」であり、「一緒に寝てはいけない」なのだ。こうした行動はすべて、「自分は人間より偉い」と犬に感じさせるものなのだ。

ということで、しつけ本には「飼い主が絶対にしてはいけないこと」として、ほぼ必ず書かれることになる。そして、これらをすべて破っているぼくなどは、やるべきしつけをまるでやっていない「失格飼い主」になるわけである。

それはともかくとして、権勢本能を押さえ込んでしまえば、今度はもうひとつの本能である「服従本能」（強いリーダーに服従しようという本能）が働いて、犬は人間というリーダーの元で平和な生活を送れることになるというのが、この考え方だ。

権勢本能や服従本能など犬が持っている本能や、それらの本能に基づく習性はさまざまに想定されている。ひじょうにコンパクトにまとめられている資料があるので、紹介しておこう。千葉県の動物愛護センターのサイトに置かれているものだ（表2-1）。

【表2-1】犬の本能と習性

本能大別	本能分類	習性
繁殖本能	生殖本能	交尾行為等、種の保存（子孫を残す）のための本能です。
	養育本能	子育て、子を護る等、母子間の絆は強く、子の側に親が居る時に接近すると危険な場合があります。
社会的本能	群棲本能	群れをつくって棲み、縦型の上下関係をつくり群れの統制をとる順位制度があります。犬は家庭内を我が群れ社会と認識して行動しています。
	権勢本能	群れの仲間が従属的な行動をいつもとれば、主導的行動をとり順位を上げるボスとして君臨しようとする意識を生みます。犬がかわいくてついつい犬の言いなり（従属的）な対応をしていると犬の権勢本能が強化され頂点に立ち家庭内をしきろうとし、権勢症候群となります。

社会的本能	服従本能	ボスがリーダーシップを発揮していると従属的な行動をとり、群れの中で平和に暮らそうとするための本能です。飼い主がいつも主導的対応をしていれば犬は希求的に従属的な行動をとる服従本能性があります。
	警戒本能	自己の棲むなわばりをつくり、護るために警戒し他の侵入を警戒し吠えます。犬が吠える基本的本能習性です。
	防衛本能	我が子や群れ、巣を護り順位闘争のためにも威嚇や攻撃行動を起こそうとする本能です。
	監守本能	自己が獲得した餌や物を横取りされないように護ろうとする本能です。
	闘争本能	必要とあらば闘います。
	帰巣本能	猟に出ても巣に戻れます。（方向感覚）
逃走本能		臆病・不安から逃避して身の安全を図ろうとする臆病な犬の保身術でもあります。
運動本能	遊戯本能	群れの中で戯れながら体力・知力・優劣関係が作られ飼い主とじゃれて遊んでいても優位を獲得し順位を上げようとする本能です。
栄養本能	持来本能	遠征し獲物を巣に運ぶ、物やボールを咥えてくる持来欲を生み出します。
	捜索本能	嗅覚を利用し獲物を捜し出そうとする意欲。犯人などの足跡を追うのにも利用している。
	追跡本能	逃げる獲物を追います。ドッグレースにも応用しています。突然走り出したり、走り抜けようとする人でも咬捕しようとします。
	狩猟本能	狩猟犬種でなくとも獲物を捕るための狩猟意欲は強くあります。
自衛本能		自己の身を護ろうと相手に対する不信・懐疑性を生みます。飼い主にとって、あってほしくない性質で触れられることを嫌がります。

出典：千葉県ホームページ（https://www.pref.chiba.lg.jp/aigo/shitsuke-tsubo/documents/honnou_syuuei.pdf）

実は現在、この「本能」という言葉は専門的というか学問的にはあまり使われなくなっている。定義が曖昧で、さまざまな意味で使われるからだ。ぼくの個人的な言語感覚では、権勢本能も服従本能も、本能そのものというよりは本能によって表出する行動パターンのように思われるのだが、このあたりの解釈は人それぞれというところなので、深入りするのは避けておこう。

こうした「犬の社会には序列があり、犬には群れのトップになろうとする権勢本能がある。問題行動はこの権勢本能が強化されることによって起きる（これが権勢症候群だ）。犬の権勢本能を押さえ込み、人間が最上位の存在であることを教え、犬を服従させるのがしつけである」という考え方を、以下、便宜的に「権勢本能理論」と呼ぶことにする。そんな言葉があるのかどうかは知らないが、とりあえずそう呼んでおく。おそらくほぼ同じことを指していると思われる言葉として「ランキング理論」とか「パックリーダー理論」と呼ばれるものがあるが、ここでは「権勢本能理論」と呼んでおこう。

そして、この考え方は、世界で広く支持されてきた。日本では権勢症候群という言葉はさほどポピュラーではないが、「犬の社会には序列があり、飼い犬も家族の順位付けをする」とは、ほとんどの人が聞いたことがあるだろう。こうした考え方は、し

つけ理論の主流だったのである。

オオカミのことがわかってきた

ただ、この理論で想定されている犬社会の姿は、ちょっと驚くべきことに、犬社会そのものを観察・研究したものではないらしい。となると「上位の者から食事をするのが犬社会のルール」だと言える根拠は何だろうかと思うのだが、これが「オオカミの社会ではそうだから」というものなのだ。

なぜここでオオカミ社会が出てくるのかというと、犬の祖先がオオカミだと考えられるからだ。

ぼくは、犬の祖先がどんな動物かについては「諸説ある」と書いたが、オオカミであることはまず間違いないと考えられている。しかし「犬の祖先であるオオカミ」が現存するオオカミ（タイリクオオカミ。ハイイロオオカミともいう）なのか、別のすでに絶滅したオオカミなのかで見解が分かれているのだ。現在のタイリクオオカミは犬の祖先ではなくて、タイリクオオカミと犬はすでに絶滅したオオカミからそれぞれ派生した兄弟のような関係である、という考え方があるのだ。それが「諸説ある」の

理由だが、混乱を避けるため、ここから先は「犬の祖先はオオカミである」と記述する。

犬社会の姿の元になったオオカミ社会の姿は、バーゼル大学教授のルドルフ・シェンケル（Rudolf Schenkel）が１９４７年に発表した論文がベースになっている。その中で、オオカミの群れには、ひじょうにはっきりした序列がある、とシェンケルは指摘した。祖先であるオオカミがそうなのだから、子孫である犬も同じだろうと考えられたのだ。

しかし、１９８０年代から、どうもこれは疑わしいと考えられる報告が次々とあがってきた。

まず、犬は群れを作らないことがわかってきたのだ。

コロラド大学のトーマス・ダニエルズ（Thomas Daniels）とマーク・ベコフ（Marc Bekoff）は都市と農村の野良犬（飼い犬ではない犬）を観察して、彼らはいずれもほかの個体を避けて生活する傾向が強いことを明らかにした。考えられているほど犬は社会的な動物ではない、というのだ。

また、野良犬が野生化した野犬は野良犬よりも集団でいる傾向がやや強いものの、その結びつきは緩やかであって、しかも長期的、固定的なものではなかったという。

特定の獲物を捕る一時期だけの集団だったり、メンバーが頻繁に出入りするということだろう。

さらに、イタリアの野犬集団を観察したローマ大学のルイージ・ボイターニ（Luigi Boitani）らも、野犬の集団は「群れ（pack）」というよりは「集団（group）」と呼ぶ方がふさわしいと言った。群れに特有の厳格なルールや序列はなく、ただ一緒にいて行動をともにする仲間という関係に近いというのだ。

というわけで、権勢本能理論の第一の前提である「犬は社会的な動物で、群れで行動する」が怪しくなってきた。

もちろん、これらの研究が即座に「犬は集団を作らない」という結論に結びつくわけではないのだが、まずいことにそれに続いて第二の前提である「犬の群れには明確な支配的序列が存在する」も、その根拠を失ってしまったのだ。１９９９年のことである。

犬の群れに序列があると考えられたのは、オオカミの群れに序列があったために、犬も同様だとされたからだ。しかし、ミネソタ大学教授のデイヴィッド・ミーチ（David Mech）の研究などによって、オオカミの群れに序列は存在しないとする考え方が有力になってきた。

カナダで野生のオオカミを観察するために一三回の夏を過ごしたミーチは、オオカミの群れのほとんどは父親と母親を中心とした家族集団であることを突きとめた。若い個体は狩りを手伝い、弟妹の子育てを助けるために両親と行動をともにするが、自分が繁殖できる年齢になれば群れを出て独立する。言ってみれば人間とひじょうに似た家族集団を構成しているのである。その集団では（これまた人間と同じように）両親が中心的な存在になるが（あえて言うなら、父親がアルファオス、母親がアルファメスということになろう）、かといってそこに支配的な序列があるわけではない。父親が食事を終えるまでほかのメンバーは食べられないなどということもない。それどころか、親が捕ってきた獲物を、子どもに先に食べさせるということもあったという。別にオオカミでなくとも親ならあたりまえとも思える話だが、いずれにしてもきわめて平和な集団だというのである。

仮にオオカミの群れの中にアルファが存在するとしても、若い個体がアルファになろうとしたら、それは簡単に実現するだろう。わざわざ父親を倒したりする必要はない。自分が繁殖できるまで成長したら、独立すればいいのである。それだけで新しい自分の家庭で中心的な存在、アルファになれるのだ（そして、それがオオカミとしてきわめて自然な姿である、ということである）。

オオカミの群れに序列が存在しないのであれば、アルファになろうとする本能すなわち権勢本能も当然、存在しないことになるわけである。

しかしなぜ、シェンケルはオオカミの群れには序列が存在する、と言ったのだろうか。それはシェンケルが観察したのが、人間に飼育されている（例えば動物園のような）集団だったからだ。

動物園にいるオオカミは、それぞれの個体が別々の場所から連れてこられたもので、当然そこに血縁関係はない。両親と、両親を助ける若い子ども、さらに生まれて間もない子ども、という野生状態の集団構成とはまったく違ったものになっているのだ。

こうした人工的で不自然な寄せ集め集団が一定の秩序を保つためには、そこに序列が必要だったと考えられる。自然で平和な血縁関係に代わるものとして、強権的な上下関係ができあがったのだろう。

また、動物園のような環境では、自分たちで狩りをして食料を得ることができない。人間に与えられたものを食べることになるのだが、現在であればともかくシェンケルの時代（件の論文が発表されたのは１９４７年だが、シェンケルがこの観察を行っていたのはそれより数年前のことであり、当時のスイスはナチスドイツの強い影響下にあった）においては、その量はおそらく集団全体を満足させるものではなかっただろう。限られた餌をめぐって食事のたびに群れの中で争っていたら、たちまちオオカミたちは疲弊し、やがて共倒れになることだろう。そうした事態を防ぐための序列でもあったのかもしれない。

実際に、オオカミ以外の動物でも、人間の飼育下においてのみ、群れに序列ができるという調査結果がある。これが何と猿、ニホンザルなのである。

ニホンザルといえばサル山にボス猿がいるというのが、ほとんど固定したイメージだが、これも動物園など人によって給餌（きゅうじ）されている施設だけのことで、自然界には存在しないのだそうだ。餌が豊富にある自然界においては、仮に支配的な態度を取りたがる個体がいたとしても、影響なく餌を手に入れることができる。そのため序列自体に意味がなく、ボス猿も存在しないということらしい。

さて、オオカミの群れに序列が存在しないというミーチの報告は「犬の行動を規定しているのは権勢本能である」派にとって、将棋でいうなら勝負を決める一手になるはずだった。棋士であれば投了する場面である。詰みまでの手順が確定したわけではないが、局面は圧倒的に不利であり、ミーチが繰り出した手を受けられるような手駒もない。守れないのである。一方は攻撃の根拠を失って反撃の余地もなく、しかも相手がさらに二の矢三の矢を放ってくるのは確実だ。もはや勝負を続けることに意味は

ない。駒台に手を置いて「負けました」と頭を下げることになる。

将棋の場合はそのあとに、対局者同士が「どこで間違えたんでしょう」とか「ここはこの手の方がよかったのかな」とその勝負を振り返り、お互いの棋力向上に繋げる前向きな感想戦が行われるのだが、「権勢本能派」はまったく違った手に出た。

この対局自体をなかったものにした、つまりミーチの報告を聞かなかったことにしたのだ。実際は聞かなかったことにしたのではなく、ほんとうに聞かなかった、知らなかったのかもしれないし、あるいはたったひとりの学者の言うことなど信用するに足りないと考え、黙殺することにしたのかもしれない。いずれにしても権勢本能派が自説を取り下げることはなかった。そして、犬の権勢本能を押さえつけ、人間こそがリーダーであることを犬に教え込むというしつけを続けたのである。

権勢本能派のしつけでは、人間がリーダーであることを教える手段として、犬に罰としての苦痛を与えるケースがある。犬は口の周り(口吻(こうふん)。マズル)を触られるのを嫌うということで、罰としてマズルを掴む(マズルコントロールというらしい)。あるいはリードを強く引いて首を絞める、叩く、蹴る、というものだ。上位者である人間に逆らうと、こんな苦痛が待っているぞ、ということを教え込むわけだ。

根拠のない理論に基づいて行われる、苦痛を伴うしつけが行われているという状況

に危機感を抱いたのか、ついにAmerican Veterinary Society of Animal Behavior（AVSAB。「アメリカ獣医動物行動学研究会」と訳されている）という獣医師と動物行動学の研究者で構成する団体が、権勢症候群についての声明を発表した。

その内容とは、犬の社会には序列があり、犬には序列の上位になろうとする権勢本能があるという理論は間違いであること、罰を用いたしつけは逆に犬の問題行動、攻撃行動を増大させてしまうリスクがあること、家庭犬が起こす問題行動のほとんどは誤学習によるもので、飼育環境を整えることや報酬を元にしたしつけをすることによって解決できること、など権勢本能派の考え方と、彼らが行っているしつけの全否定に近いものだった。２００８年のことである。

ちなみに、このAVSABが出した罰を用いたしつけについての声明の抜粋が『犬と猫の行動学—基礎から臨床へ—』（内田佳子、菊水健史著、学窓社）の中に引用されているので、興味のある方は参照されたい。

Part 3

なぜ犬は誤解され続けるのか

オオカミと犬とを分けるもの

多くの研究者から疑問や反証が提出され、ついには獣医師の団体から「犬にとって望ましくない」とまで断じられた権勢本能理論だが、実のところ、動物行動学者でなくとも、そう、ぼくのような一介の飼い主でも、そのおかしさがわかるものなのである。

まず、権勢本能理論が想定する「犬社会」の姿が、オオカミのそれをベースにしているのが、そもそも疑問なのだ。オオカミが犬の祖先だとしても、子孫が祖先と同じだとなぜ言えるのか、ということだ。

オオカミと犬は別の動物である。1万5000年前か13万年前かはわからないが、それだけ昔に、犬はオオカミと分かれて別の動物になった。人と一緒に暮らすようになることで、オオカミではない「犬」という動物になったのである。

このあたりの犬の家畜化についてはこのあと詳しく検証するが、人間と一緒に暮らすことで、犬の生活環境や行動様式はオオカミとは決定的に違うものになった。犬がオオカミと違っているのは姿形ではなくて、この「人間とともに暮らし、人間とともに行動する」という点なのである。言い方を換えると「行動様式の違いこそが、犬とオオカミとを決定的に分けるもの」なのだ。ところが、まさにその決定的に違うところを「オオカミの子孫だから」といって同一視してしまう。もっとも一緒にしてはいけないところを同じにしてしまっているわけで、これはもはや短絡というより暴論に近い。

猿は人間の祖先だが、猿の行動をそのまま人間に当てはめることはできない。人間は猿と違って「木から下りて直立二足歩行を始め」、これによって人の行動は猿とはまったく違うものになった。人間は猿とは別の動物になったのである。犬とオオカミとの関係は、これとまったく同じだ。

猿が人間の祖先だからといって、「人間の行動は猿と同じ」と言う人はさすがにいないだろう。ところが犬の話になると平気で言ってしまう。「犬が人と暮らすようになった」のは「人が木から下りて、直立二足歩行を始めた」のと同じ大事件なのだが、これがまったく無視されてしまうのが不思議なのである。

そもそも動物の種としてきわめて近いものであっても、まったく別の行動を取る例はめずらしくない。「人間にもっとも近い」と言われるボノボという類人猿は、90万年前までにチンパンジーと分化したとされている。分化した時期はだいぶ早いが、犬

とオオカミとの関係に近いこの両者は、しかしその行動様式を大きく異にしている。

チンパンジーはひじょうに好戦的な種であって、ほかの群れはもちろん、自分の群れの個体に対しても激しい攻撃を加えることがある。子殺しの習性があり、ほかの群れに属する子どもだけでなく、自分の群れの子どもを殺すこともめずらしくない。そして殺した子どもは、なんと群れの構成員で食べるのだ。

一方のボノボだが、チンパンジーよりも攻撃性は低く、平和を愛する動物といわれる。オス優位のチンパンジーに対して、オスメスが対等かむしろメス優位の社会を構成する。特徴的なのは多様な性行動を取ることで、その性行動が集団に平和をもたらしているのではないかと考えられる。「チンパンジーは性に関する問題を力で解決するが、ボノボは力に関する問題をセックスで解決する」と言われる。ある意味で対照的なのである。

いや、そうは言っても、オオカミと犬とではDNAが99％以上共通している。まったく同じではないにしても、ほぼ同じ動物と考えていいのではないか、という意見がある。

しかし残念ながら、DNAが似通っていても、同じ動物であるとは言えない。DNAはあくまでもタンパク質の構造を決める設計図であって、行動や性格を規定するものではないのだ。

オオカミと犬だけではない。人間とチンパンジーもＤＮＡの99％以上が共通している、と言われている（もちろんボノボもそういうことになる）。しかし、人とチンパンジーは、あたりまえだがまったく別の動物だ。人とチンパンジーのＤＮＡが99％共通しているから同じ動物だなどと言う人はいないだろう。明らかに違うことが自明だからだ。

だいたい、ＤＮＡの共通などと言いはじめたら、猫だってそうなのだ。人間が飼っているアビシニアンのＤＮＡは90％、人間と同じだったという研究がある。馬も75％は人間と同じだと言われる。そして何とバナナ（動物ではない。あの黄色い、甘い、アスリートが手っ取り早い栄養補給のためによく食べる、あのバナナだ）のＤＮＡの60％が人間と同じだというのである。

そもそも「ＤＮＡの○％が共通している」という表現にも、問題がある。どのような比較で、この数字が出てきたのか。

ＤＮＡというのは4種類の塩基によってできていて、その配列によって遺伝情報がコードされる。が、その中にはまったく意味を持っていない（と考えられている）部分もあれば、同じ塩基配列が何度も繰り返し出現する部分があったりする。そうした

箇所をどう数えるか、という問題がある。

例えばチンパンジーと人に同じ配列のパラグラフがあるとして、チンパンジーでは一回であるものが、人では二回繰り返されているとする。これは、同じ配列だから「100％一致」と考えるのか、チンパンジーは人間の半分しかないから「50％一致」と数えるのか。あるいは同じ配列のパラグラフではあっても、出現する場所が違った場合はどう考えるのか。さらにまた、部分的に順序を入れ替えれば一致するようなケースはどうなのか、など単純に比較できないことが多いのである。

では、どうやって99％という数字がはじき出されたのかというと「遺伝的に意味があると考えられ、比較できるところを比較した」結果なのだ。ヒトゲノムの25％、チンパンジーゲノムの18％を比較対象から外して集計したのが、99％一致なのである。

もっと言ってしまえば、動物同士の違い（例えば人とチンパンジーの違い）を決めるのは、DNAの違いの「量」ではない、とする考え方が有力だ。わずかな塩基配列の差が表現形に大きな違いをもたらすこともあれば、塩基配列はかなり違うのにほとんど変わらない形になることもある。違いの量ではなく、DNAの「どこが」「どう違うか」が問題なのだ。

つまり「オオカミと犬のDNAは99％以上同じ」というのは（ほんとうに99％以上

同じであるかどうかは別にして）、両者の行動の違いを考える上ではほとんど意味がないのである。

結局のところは、その「同じであるとみなしていたオオカミの社会」自体が間違っていたのだが、仮にオオカミ社会の姿が正しかったとしても、権勢本能理論はおかしなところから出発していたと言わざるを得ないのだ。

人間上位とはどんなことだろう

権勢本能理論によるしつけ本には必ずと言っていいほど書かれている「飼い主べからず集」。ぼくはすでに五つの項目を例示しているけれど、こうした禁止事項が言われているのは日本だけではないようなのだ。

イギリスの動物行動学者、ジョン・ブラッドショー（John Bradshaw）は、著書『犬はあなたをこう見ている』（西田美緒子訳、河出書房新社）の中で、トレーナーが定めるしつけの一例として、以下のような10か条をあげている（念のため、ほんとうに念のために言っておくと、ブラッドショーはもちろん、こうしたしつけを批判している）。

1 飼い主（群れの最上位）が食事を終わるまでは、犬に餌を与えてはいけない。
2 飼い主（群れの最上位）がドアをくぐる前に、犬を家（巣穴）から出してはいけない。
3 犬をソファーやベッドに乗せてはいけない（いちばん居心地のいい場所で休めるのは、群れの最上位だけ）。
4 犬に階段をのぼらせてはいけない、または階段の上から飼い主を見おろさせてはいけない。
5 犬に飼い主の目を見つめさせてはいけない。
6 犬を抱きしめたり、優しく撫でたりしてはいけない。
7 何らかのしつけをする以外、犬と触れあってはいけない。
8 仕事や買い物から帰ってきたとき、犬に「ただいま」の挨拶をしてはいけない。
9 朝一番に犬に「おはよう」の挨拶をしてはいけない。犬の方から飼い主（群れの最上位）に挨拶をするべき。
10 遊び終わったとき、犬におもちゃを持たせたままにしてはいけない。犬は勝ったと思ってしまう。

この10か条でも、トップは食事の順番だった。洋の東西を問わず、「人より先に食事をしてはいけない」のは、しつけの基本中の基本らしい。

先ほども書いたように、権勢本能派によると「犬の社会では、序列が上のものから食事をするのがルール」とのことなのだが、ほんとうなのだろうか。そういった観察報告があったという具体的な記述を、ぼくは見たことがない。結論として「それが犬の社会のルールです」と書いてあるばかりなのだ。

ところが、それが犬社会のルールではなさそうな場面を、ぼくたちはふつうに見ている。複数飼いをしている家庭や、訓練所のような犬が集団で暮らしている施設での給餌の様子はテレビなどでよく紹介される。が、そこに見えるのは、すべての犬が、それぞれの食器から、同時に餌を食べている姿である。

ほんとうに「序列上位のものが先に食事をする」のがルールであれば、序列下位の個体はたとえ先に食器を渡されたにしても、上位個体が食べ終わるまでは食事に口をつけないはずである。もしかすると「序列上位のものが先に食事をする」の意味をぼくが取り違えていて、下位の者が待たなければならないのは、上位の者が「食べ終わるまで」ではなく、「口をつけるまで」なのかもしれないが、その姿さえ見ないように思うのだ。犬たちは、自分の前に自分の食器が置かれたとたんに餌にかぶりつくよ

うに見えるのだ。

もし序列下位の個体は上位個体が餌に口をつけるまで待っていなければならないとしたら、最下位の個体はほかのすべての個体が食べはじめるまで食べることができないことになる。10頭の群れでは10頭が一定の時間差をもって食べはじめる、20頭なら20頭が（まるでウェーブをするかのように）少しずつ時間をずらしながら食べはじめるという。かなり異様な光景が展開されるはずだが、権勢本能派の人たちは、いつもそんな場面を目にしているのだろうか。

いや、食器がひとつだけしかなく、集団全体がそのひとつの食器から餌を食べようとするときには、上位の個体が先に食べる。そのときほかの犬が横から食べようとすると、上位の犬はそれを威嚇し、攻撃する。このことから、上位の犬が先に食べることになっているのがわかる、と権勢本能派は言うのかもしれない（おそらくそういうロジックなのだと思う）。

いやいや、それはあたりまえではないか、と思うのだ。

物理的に一度に1頭しか食事ができないのであれば、食べる順番を決めなければならない。もちろん犬たちは一刻も早く餌にありつきたいから、順番を争うことになる。

そして、そういう状況になれば、体が大きく力の強い個体が有利になるのは言うまでもない。ほかの犬を突き飛ばして食器に近づけるからだ。食べているとき、ほかの犬に横から顔を突っ込まれたら「うるさい」と言うだろう。自分が食べているものを横取りしようとされたら、序列には関係なく嫌がるのがあたりまえだ（人間だってそうだろう。映画館でポップコーンを食べているとき、となりに座った見知らぬ人間がポップコーンに手を出してきたら怒る）。犬なのだから唸（うな）って威嚇するし、場合によっては噛みつきもするだろう。あたりまえだ。

そして、いちばん力の強い犬が食べ終えれば、次は2番目に力の強い犬が食器にかじりつくだろう。その次に3番目、4番目と続いていく。

しかしこれは、だから犬社会に序列が存在し、なおかつ食事も上位のものからとるのがルールであることを、必ずしも意味しない。ここで起きているのは、一度に1頭しか食事ができないという、ひじょうに特殊な、言葉を換えると不自然な状況で食事をするために必要な、ただの順番決めである。みんなが同時に食事ができる状況であれば、ふつうにみんなが同時に食べる。つまり「序列上位の犬が先に食事をする」などというルールの存在が、はなはだ怪しいのである。

さきほどチンパンジーの例を出したので、ここでもちょっとチンパンジーにお手伝いしてもらおう。

チンパンジーの群れには序列が存在するが、上位の個体が下位の個体に対して食べ物を分配することがあるという報告がある。動物を狩ってその肉を食べるときにも分配が見られるという。分配するということは「俺が食べ終わるまでは食べるなよ」ではない。みんなで分けて、一緒に食べるのである（一方で、チンパンジーはめったに食べ物を分配しない、と書かれたものもある）。

これがボノボになるとより平和的（？）になって、上位個体が肉を食べているときに、下位個体が横から手を出して肉をちぎって食べる。上位個体は拒むどころか咎めもしない。みんなで仲良く食べているとしか見えない光景である。

「序列の存在＝上位のものから順番に食べる」という図式は、どうやら人間が頭の中で作り上げたもののようだ。

別の見方をしてみよう。この「人より犬が先に食事をしてはいけない」は必ずしも人間を上位に置くことにはならない。

わが家においては、食事は朝夕とも人よりもコテツが先にとる。なぜかと言えば、その方がぼくら人間にとって都合がいいからなのだ。

わが家の家族はみな朝があまり強くない（そういう家族は決して少なくないだろう）。目が醒めてもすぐに体が動かないのだ。食事というのはある程度体が動き出さないと食べられないから、朝食を食べられるようになるまでには、ある程度の時間がかかる。そしていざ食事ができるようになって朝食を食べ終わると、今度は仕事やら学校やらに出かける時刻が迫ってきて、たいへんに慌ただしい。

ここでコテツに食事をさせるのはなかなか厳しいのだ。コテツには申し訳ないが、それどころではないのである。しかし、コテツに餌を食べさせるくらいのことは体が充分に動いていなくてもできるので、ぼくらは朝起きたらまずコテツに食べさせてしまう。幸いコテツはすぐに体が動くから、喜んで食べてくれる。「もうちょっとしてから食べる」とか、寝ぼけた声で言った挙句に結局食べずに出かけていって、片付けやら何やらかえって手間をかける人間の子どもとは違うのだ。

まずはコテツに食事をさせて、自分たちのことはそのあとゆっくりやる方が、あらゆる面で人間にとって都合がいいのである。

夜もそうだ。わが家の夕飯は、酒を飲みながらゆっくり時間をかけてとる。そして食べ終わると酒が入っているので、そのあとにフードの量を計ったり、飲み水のボウルを洗ったりということはしたくないのだ。だからこちらが食べはじめる前に、コテツには食べさせてしまう。つまり、わが家では人間の都合を徹底的に優先しているのである。

もし「常に人が犬より先に食べる」ことにするなら、わが家の人間にとっては「自分たちの意思や都合よりもコテツの事情が優先される」、それこそ「犬上位」の状態になるわけだ。それがいけない、というのが権勢本能派の言い分だったのではないか。

もし「人が犬よりも上位でなければならない」のであれば、「人が犬より先に食べろ」と言ってはいけない。「人が先か犬が先かなど関係ない、犬のことなど考えずに、人は人が食べたいときに食べろ」と言わなければいけないはずなのである。

決定権は誰が持つ

10か条のその2「飼い主（群れの最上位）がドアをくぐる前に、犬を家（巣穴）から出してはいけない」は「飼い主より前を歩いてはいけない」とほぼ同じ意味だろう。これの前提になっているのは、「上位の者は前を歩く」という価値観である。

確かに大病院を舞台にしたテレビドラマの院長回診の場面では、病院長が大勢の医師たちを引き連れて歩いている。確かに偉い人は前を歩くことになっているのかもしれない。しかしもっと偉い人になると、秘書やらボディガードやらが先頭になって、上位の人はむしろ後ろを歩く（前後を序列下位の者に固めさせる）ような気もするのだが、まあここは「上位の者が前を歩く」ということにしておこう。

ここで想い起こされるのが、犬ぞりである。犬ぞりというのは、とくに多頭曳きにおいては「どの位置に」「どの犬を」配置するかが勝負だという。位置ごとに役割があって、その役割にあった犬を置く「適材適所」が、そりをより速く、より長く走らせるポイントだというのだ。

しかしもし「犬社会に序列があり、序列が上の者が前を歩く（走る）のが決まり」なのであれば、この適材適所は成立しない。人間が決めた配置などに関係なく、犬たちは序列のとおりに走ろうとすることになる。となれば、序列よりも後ろの位置に置かれた犬は、自分よりも下位の分際で前を走る無礼な犬に襲いかかるに違いない。もはやそりを曳くどころの話ではない。綱は絡まりあい、犬たちはもつれあって、大混乱に陥るに違いないのだ。

では「犬ぞりは適材適所」の方が間違っているということだろうか。ぼくは犬ぞりについてとても詳しいとは言えないのだが、犬の位置によってそれぞれの果たす役割があることは想像に難くない。そりの進路を判断して舵取りをするのは先頭を走る犬だろうし、曳く力が強い犬はなるべくそりに近い位置がよさそうだ。もちろん右側と左側で犬たちの走力が同じでないとそりはまっすぐ走れないだろうから、そのバラン

スも勘案しなければならない。

だが、そうした適材適所の配置と犬社会における序列が一致するなどということは、ちょっと考えにくい。よほどの奇跡が起きなければ無理だろうと思われる。そこを無理やり序列順に並べたら、犬ぞりを走らせること自体がとても面倒で難しいものになるのではないか。

そう考えると、残念ながら「犬社会に序列があり、序列が上の者が前を歩く（走る）のが決まり」という前提が間違っているとしか思えないのだ。

また、この「犬に人より前を歩かせてはいけない」と似た「べからず」に「犬に行き先を決めさせてはいけない」というものがある。散歩をしているとき、犬が行きたがるルートに人がしたがってはいけない、歩くルートはあくまでも人間が決めなければならないということだ。

こちらの方は、まだ多少は理解できる。決定権は犬にあるのではなく人間にあるのだということを、はっきりさせておくということだろう。「前を歩く」より「人が決める」方が「犬よりも人間が上位である」という理屈にあっているからだ。

と言っても、この「犬に行き先を決めさせてはいけない」に賛成するかというと、そんなことはない。これについてのぼくの見解は「どっちでもいい」である。人が決めてもいいし、犬が決めてもいい。気持ちがあうこともあれば、あわないこともある。次の角を右に曲がるかどうかは犬の好きなようにさせて、その次の角は人間が決める、で全然かまわない、と思っている。人間同士だって同じことをしているだろう。

散歩なのだ。そのときどきの気分によってルートを決めるのはあたりまえではないか。そしてその散歩は、ぼくだけがしているわけではない。ぼくとコテツが一緒にしているのである。ぼくもコテツも同じように楽しめばいいではないか、と思うのである。

そんなことをしていたら、犬が言うことをきかなくなる、いざというときに人間の思いどおりにならなくなる、収拾がつかなくなる、いつまでたっても散歩が終わらない、と権勢本能派は言うのだろうが、そんなことはない。要は「最終的には飼い主が決める」「自分の思いどおりにならないこともある」ことを犬がわかればいいのである。自分の思いどおりになることもあるが、ならないこともある。ならないときには(諦めて)、人間の言うとおりにしよう、と思ってくれればいいのだ。

そして、口幅ったいことを言うようだが(しかし断固としてぼくは思うのだが)、「ふだんは好きなようにさせることもあるけれど、絶対に人間にしたがわなければならないときにはしたがう」ようにすることこそ「しつけ」であるはずなのだ。「ここ

ぞ」のときを教えずに「いつもさせないでおく」だけのことが、どうしてしつけになるのだろうか。

そんなことができるのか、と言われれば、できる、現にできている、としか言いようがない。

ぼくがコテツと散歩しているときは、コテツが前になったりぼくが前になったり、コテツの行きたい道を行ったり、まったく好きなように歩いている。しかし、コテツはときどき早く家に帰りたがって家への最短ルートを取ろうとしたり、逆にスケジュールの都合でぼくが帰宅するルートを取りたかったりして、人と犬の気持ちがあわないことがある。

そんなとき、コテツが自分の行きたい方向に歩き出しても、ぼくは立ち止まったまま動かない。このときリードは当然いっぱいに張っていて（といってもリード自体が1メートル40センチのものなので、大して離れているわけではない）、コテツも動けない状態にある。コテツは「あれ、行かないの？」という顔をしてぼくを見上げるが、そのままぼくが動かずにいると、諦めてぼくの脚元に近づいてくる。その動きのまま、ぼくが自分の進みたい方向に歩き出すと、コテツはそのままついてくるのだ。

「犬は空気を読む天才」だとよく言うが、ほんとうだな、と思うのである。ぼくは

「違うよ、そっちには行かないよ」と声をかけるけれど、もちろん言葉が通じるとは思っていない。コテツはぼくが絶対にそっちに行かないという空気を読んで、諦めるのだ（実際、そのときのコテツは頭を垂れて、その様子には心なしか「諦めた」「残念」な感じが滲んでいるのがおかしいのだ）。

では、コテツがそうなるように何か訓練をしたのかといえば、「特別なこと」は何もしていない。最初から同じようにしていただけだ。最初のうちは確かに、好きな方に行きたがるコテツと行かないぼくとで根比べのようになった気もするのだが、叩いたり強く引っ張ったり、おやつで釣ったりといったことはしていない（もちろんリードをクイクイっと軽く引いて「こっちだ」という合図は出すが）。ただコテツが諦めるまで待っていただけで、いつしか、いまの形があたりまえになったのだ。

これは、しつけのプロたちにとっては「しつけ」のレベルではないのかもしれない。たまたまそうなっただけだ、と言われるかもしれない。しかし「人の前を歩かせない」とか「犬に行き先を決めさせない」のがしつけかといえば、それは違うと思うし、そんな「しつけ」などしなくとも、犬にはできるのだ。

あまり犬を見くびらない方がいい、と思うのである。

観念的な序列と物理的な位置

ここまででも充分、「飼い主べからず集」のばかばかしさはおわかりいただけたのではないかと思うが、もう少しだけ、飼い主がやってはいけない10か条について考えてみる。

まず「犬を高い位置においてはいけない」についてだ。

しかし、ただ「高い位置」といっただけでは抽象的で、どのくらいの高さまでならよく、どこからはだめなのかわからない。そこで「腕で抱くより高いのはだめ」とか「目の高さより高くてはだめ」とか本によって違いが出てくるのだが、ようするに「犬が『自分が上位であると考える』高さはだめ」「人より上はだめ」ということである。例の10か条では「4　犬に階段をのぼらせてはいけない、または階段の上から飼い主を見おろさせてはいけない」がこれにあたるだろう。

人より上がだめなので、位置的には高くなくとも「人の上に乗る」のもNGである。昼寝をしている飼い主のお腹に乗るとか、胸に乗って顔をぺろぺろ舐めるとかは、言語道断の所業になる（もう言うまでもないだろうが、これまたすべてぼくはさせている)。
先にあげた「人より前を歩かせてはいけない」は、「偉い人は前を歩く」ことが前提になっていたが、こちらは「高いところにいるのは偉い人」という価値観が元になっている。しかしよく考えると、この価値観では「社会的な序列としての上位」と「物理的空間的な位置としての上方」が混同されている。このふたつが「上」という言葉で、ごっちゃにされているのだ。

これには昔からの支配者層があえて混同させたという事情もあるだろう。形のない抽象的な観念である社会的序列の上下を、目に見える物理的な位置関係である上下に置き換えることで、わかりやすく表現したのである。そうすることで、下々の者たちに主従関係をはっきりと意識させたわけだ。

犬を見くびるな、と啖呵(たんか)を切った舌の根も乾かぬうちに何なのだが、こうした高度な概念の置き換えが犬にできるだろうか、というのがまず第一の疑問なのだ。

そして、序列の上下と位置の上下を混同した価値観を持っている人間にしても、どんな場合でも「上」がいいわけではない。人間でも実際の行動を規定するのは、もっと実利的なことなのだ。

いまや寝台列車といえば個室中心の「サンライズ出雲・瀬戸」だけになってしまっ

たので、若い人にはイメージが湧かないかもしれないのだが、かつての寝台列車は二段ないし三段の開放寝台だった。この寝台列車の上下段を使って、会社の上司と若い社員が出張したとしよう。

よほどの変わり者でない限り、上司が選ぶのは下段である。下段の方が寝台スペースに高さがあり、また直角の梯子を上り下りする面倒もなく、はるかに快適だからだ。何とかと煙は高いところに上るというが、二段ベッドの上段に寝たから自分が偉くなった、上段の方が偉いから上段で寝たいと考えるような大人はまずいない。

そもそも、自分より高いところに持ち上げたら偉くなったと勘違いして暴君になってしまうのなら、（人間の）子どもをおんぶすることや、まして肩車など絶対にできないではないか。そんなことをしたら、子どもはたちまち父親の地位を奪ってアルファ個体としてふるまおうとするだろう（ぼくが見るに、犬よりも人間の方がはるかに権勢欲が強そうである）。

イギリスで言われているらしい「犬に階段をのぼらせてはいけない、または階段の上から飼い主を見おろさせてはいけない」も日本人としてはご容赦願いたいものだ。世界に冠たる大英帝国の皆さんはご存じないだろうが、この極東の島国における住宅事情はたいへん貧しいのだ。とくにわが家は狭小住宅によくある二階にリビングのある建物であって、犬に階段をのぼらせなければ、そもそも犬が飼えなくなってしまうのだ。

そして「5　犬と一緒に寝てはいけない」理由が「いちばん居心地のいい場所で休めるのは、群れの最上位だけ」だというのは、ぼくはブラッドショーの著作を読むまで知らなかった。一緒に寝てはいけないとは聞いていたが、その理由についてはまったく予想もつかなかったのだ。

しかしソファやベッドが「いちばん居心地のいい場所」なのも人間にとってはそうかもしれないが（というか、これはもう個人の好みになるような気がするが）、はたして犬にとってもいちばん居心地のいい場所なのだろうか。

ぼくの見るところ、コテツにとって「いちばん居心地のいい場所」は季節や状況によって違う。そして彼は基本的に、常に「いまこの瞬間、いちばん居心地のいい場所」にいる。

冬はカーペットの陽の差し込んでいるところにいるし（もちろん太陽の動きに沿って場所を変える）、夏はフローリングの、おそらくエアコンの冷気がよく通るところにいる（ぼくはコテツ用に夏も冷たい大理石の板を用意しているのだが、残念なことにほとんど使っているのを見たことがない）。もちろんソファにいることもあるが、

それはほとんど家族の誰かがソファに座っているときだ。膝に乗ったり、横にべったりくっついて座っている。家族がいるときは、家族のそばが「いちばん居心地のいい場所」なのだろう。

人間がみなリビングから出てしまい、ひとりで過ごすときは、ケージの中に置いてあるキューブ形の木製ハウスにいることも多いようだ。暗くて狭い、犬が好むとされている場所で、ぼくがリビングに入っていくと、コテツがハウスからのそのそと出てくることがよくある。ひとりのときに過ごしているということは、ここがいちばん落ち着く場所なのかもしれない。

人間たちの多くは一日の半分近くを仕事に費やしていて、外回りの営業で歩き回ったり、事務机に座ってパソコンに向きあったり、掃除や洗濯のために忙しく立ち働いたりしているから、ゆっくりリラックスできる時間は格別のものだ。だからリラックスできるソファやベッドは特別の場所になるのだが、おそらく犬たち、とくに一般家庭の飼い犬たちにとってはそうではない。

彼らは仕事に追い立てられているわけではなく、一日の大半をのんびり、リラックスして過ごしている。「そのときもっとも居心地のいい場所」を移動しながら暮らしているので、ソファもベッドも、自分がいくつか持っている「居心地のいい場所」のうちのひとつに過ぎないだろう。どちらも、とりたてて意味のある場所ではないのだ。したがって、そこにいたからといって、彼らが「自分が偉くなった」と考えるとはちょっと思えない。仮に思ったとしても、人間と同じ場所に乗っただけだからせいぜい同格になっただけで、それをもって人間より偉いとするのは理屈にあわないだろう。

さて、こうして「飼い主べからず集」「飼い主10か条」を点検してみると、そこにはひとつの共通点が見えてくる。

もうおわかりだろうが、これらはすべて人間の価値観（というのも憚(はばか)られるくらい乱暴なものもあったが）をそのまま犬に当てはめているのである。

前著『馬はなぜ走るのか―やさしいサラブレッド学』で、ぼくは馬を擬人化して考えることの危険性について述べた。競走馬はとなりの馬よりも速く走ろう、前を走ろうと考えている、と決めつけるのは早計だ。仲間よりも速く走ろうというのは人間の価値観であって、馬はまったく違う価値観で生きているからだ。これは犬でもまったく同様である。

人間以外の存在について理解しようとするとき、擬人化という方法は確かに有効ではある。とにかく理解しやすく、わかりやすくなるのである。ただし擬人化にあたっては細心の注意が必要になる。人間ではないものを人間に擬すわけだから「人間では

ない」「人間とは違う」ことが大前提なのだ。過度の擬人化、あるいは正確さを欠いた擬人化、「人間とは違うこと」に対する敬意を欠いた擬人化は、対象を見誤らせる。

そして残念ながら、この「飼い主べからず集」「飼い主10か条」は、犬に対する敬意を欠いていると言わざるを得ない。ここには「犬という動物がどう生きているか」への考慮が決定的に足りていない。「人間はこうだ」という決めつけ（しかもそれさえもかなり薄っぺらだ）を、ほとんど機械的に犬に適用しているに過ぎないのだ。人間ではないものを人に喩（たと）える擬人化は、わかりやすい。しかし、そのわかりやすさに罠（わな）は潜んでいる。

「順位づけ」にメリットはあるか

ついでと言っては何だが、日本ではとてもポピュラーな「犬は家族の中で序列を作っている」についても、触れておこう。

ここまでぼくは、

- 長らく犬社会のありようは、オオカミ社会を元に考えられてきた

・オオカミ社会は序列を作ると考えられていたので、犬社会にも同様に序列があるとされてきた
・しかしオオカミは群れの中に序列を作らないという考え方が主流になってきた

ことを述べてきた。

ただ、だからといって「犬も序列を作らない」と言ってしまうのは危険だ。これまでぼくは「オオカミが○○だからといって、その子孫である犬が同じように○○であるとはいえない」と言ってきた。これに即して言えば「オオカミが群れの中に序列を作らないからといって、犬も序列を作らないとはいえない」わけだ。

では、ぼくは犬が序列を作るかと考えているのかといえば、これはもちろん、否である。その理由はまったく非科学的な、ひとりの飼い主としての感覚なのだが、うちのコテツが家族に序列をつけているとは思えないのだ。また、家族の中に序列をつけることが、コテツにとって何らかのメリットになるとも思えない。家族の中に序列をつけることは、はっきりと無意味なのである。

コテツにとって（人間の）家族とは、ご飯をくれる存在であり、散歩に連れて行ってくれる存在であり、頭やお腹を撫でてくれる存在であり、遊んでくれる存在である。

そしてコテツは家族の誰からでもご飯やおやつをもらい、誰とでも散歩に行く。誰の膝にも乗ってきて、誰に対しても「頭を撫でて」とせがむ。

序列が存在するのであれば「〇〇（例えば父親）にはこれをさせるが、△△（例えば息子）には許さない」という行動に表れるはずだが、そんなことはない。家族全員に対して、まったく同じように振る舞っている。そこに「序列」の入り込む余地があるとは思えないのだ。

といって、コテツ自身が序列最下位（自分以外はすべて自分より上位であるために、態度に違いが出ない）というわけでもない。自分より上位の存在に対して「頭を撫でてくれ」などと要求するはずがないのだ。家族を誰も区別せず、しかも自分が最下位でもないとするなら、コテツは家族に序列などつけていないと考えるのが自然ではないか。

うちのコテツが特別な犬であるとは、とても思えない。おそらく多くの家庭で、犬たちはコテツと同じように振る舞っていることだろう。

ところがこの「犬は家族の中で序列を作る」は、実験によって確かめられているというのだ。

その実験というのは、犬から離れたところに家族が横一列に並び、同時に犬を呼び寄せるのだそうだ。そして最初に犬が駆け寄った人が序列の最上位であるということになる。次にその最上位の人が抜けて、同じことを犬に繰り返す。今度駆け寄られた人が序列2位、そうやって、3位、4位と決めていくのだそうだ。

正直言って、よくわからない実験である。

まず、家族が離れたところから犬を呼ぶのだが、そのとき家族は横一列に並んでいるという。つまり、犬から見ると家族全員が同じ方向にいるわけだ。呼ばれた犬は家族の方に行くだろうが「家族全員が同じ方向から同時に」呼んだのであるから、犬にとってみれば「家族という集団」から呼ばれたことになる。だから「家族という集団」の元に行くし、集団の前まで行けば、犬にとってとりあえずの仕事は終わりのはずなのだ。

しかし実験が求めているのは、家族集団の中から個人を選ぶことだ。誰かひとりのところに行かないと実験は終わらないから、家族たちはそれぞれに犬を呼び続ける。犬はさぞ困惑するのではないかと思うのだが、どうなのだろう。

もちろん一目散に、あるひとりに向かって走っていく犬もいるだろう。ただ、犬を困惑させる可能性がある実験は、あまり好ましくないのではないか。もし何らかの結果が得られたとしても、その結果にはちょっと疑問が残るのではないだろうか。

やるのならば犬を中心とした同心円上に家族を置いて、最初から犬に個人を選ばせる方がいいのかもしれない（といって、同心円バージョンにしたところで、この実験に意味があるかどうかは怪しい気がするが）。

もしこれをコテツに対してやったとしたら、おそらく実験をする時間帯やその日の天気によって、結果は変わるのではないかと思う。

朝早い時間、それも朝ご飯を食べる前であれば、コテツはまず妻のところへ行くだろう。コテツに朝ご飯をあげるのは妻がすることが多いからだ。夕方であれば、ぼくか息子である。夕ご飯をあげる機会が多いのは、そのふたりだからだ。そして天気がいい日も、ぼくのところに来る可能性が高い。散歩に連れて出るのはたいていぼくだからだ。時間や天気に関係なく、そのときコテツがおやつを欲しいと考えているときだったとしたら、妻か娘である。彼におやつをあげようとするのは、そのどちらかだからだ。

コテツはおそらく、その瞬間に自分にとってもっともメリットがある人のところへ行くだろう。

考えてみれば、家族の中に序列（順位）などというものを作って、その序列で行動を規定してしまうことは、コテツにとって何の利益にもならないのだ。仮にぼくが序列1位で妻が2位だとしたとき、妻がおやつをあげようとしているのに、順位は上だけれどもおやつをあげる気などさらさらないぼくのところに来たら、コテツはおやつを食べるというチャンスを逃すことになる。無意味どころか、実害があるのだ。

コテツにとっては、うちの家族全員が、コテツに対して何らかの快感をもたらす可能性がある。その可能性を最大限確保しておくためには、家族に順位などつけず、フラットな態度で臨むのがもっとも得であるはずなのだ。

だが、実際にうちの家族でこの実験をしたら、コテツはぼくのところへ来ることが多いだろうとは思う。コテツを抱っこしたり、頭やお腹を撫でたりすることのいちばん多いのがぼくだからだ。ぼくのところに来れば、何らかの快感を得られる可能性が高いと、コテツは経験的に考えるだろう。

そして、その結果をもって、ぼくの序列が最上位であるとするのは間違いであるし、それはたいへんな矛盾でもある。「犬が図に乗るからやってはいけない」ことをもっとも頻繁にやっている人間が、序列の最上位ということになってしまうからだ。

もちろん、だからといってコテツ自身が最上位で、ぼくが第2位ということでもないだろう。繰り返すが、コテツは家族に対して吠えたり噛みついたりはしないし、そもそも自分が最上位であれば、この実験で呼び寄せたときにも反応などしないだろう。

下位の存在に呼ばれたからといって、言うことをきいてやる謂われはないのだから。

そんなこと言っても、現実に自分の家には序列があるのだ、という人もいるだろう。父親の言うことはちゃんときくが、息子の言うことはきかないし、近くに寄っていくこともない。これは息子のことを自分より下位に見ている証拠ではないか、と。

いや、その息子さんは犬より下位に見られているわけではないだろう。その人は「犬は家族に順位をつける」とされているから、家族の状態を無理やりそれに当てはめて考えようとしているだけだ。犬に見向きもされない息子さんは、犬にとって何らかの快感を与えてくれる存在ではないのだろう。むしろ触り方や撫で方が乱暴だったりして、不快感を与えているのかもしれない。順位がどうこうではなく、犬にとってはとりたてて興味を持てない、あるいは迷惑なだけの存在なのだろう。

最後に、そもそものことを言ってしまう。

家庭の飼い犬たちは、自分で食料を得ることはできない。飼い主に食事をもらわなければならないのだ。

いったい、どこの世界に、自分より下位のものからご飯をもらう、もらわなければ食べることができない（つまり生殺与奪の権利を下位のものに握られた）ボスがいるのだろうか（たしかにライオンのオスは狩りをメスに任せて偉そうにしているが、彼は繁殖という切り札を持っているし、メスの子どもたちはある意味でオスライオンの人質だ。犬と人間との関係とはまるで事情が異なっている)。

「権勢本能」は魔法の言葉

多くの動物行動学者が疑問を呈し、またぼくのような素人からも穴が多いように見える権勢本能理論だが、AVSABが「権勢症候群というものは存在しないし、そうした考え方に立ったしつけは犬の問題行動リスクを増大させる可能性が高い」という見解を表明してから10年以上が経過した現在でもなお生き残っている。

いや、「生き残っている」なんていうものではない。書店に並ぶしつけ本にも、インターネット上のしつけサイトにも、相変わらず「権勢本能」とか「人より先に食事をさせてはいけない」という文字が躍っているのだ。それらの監修者や著者、あるいはサイト運営者の多くは訓練士やトレーナーと名乗る人たちなので、日本における犬の訓練施設やしつけ教室では、権勢本能理論に基づいたしつけが、現在でも広く行われているのだろう。

科学的に(ほぼ)否定され、何より犬にとって有害になる可能性があるとまで言わ

れていることが、なぜいまだにしつけの現場で行われ続けているのだろうか。

おそらくそれは、権勢本能理論が便利だから、である。

犬の訓練士やトレーナーといった人たちの主な仕事は、犬の問題行動の解決および予防だ。もちろんそれだけでないことは承知しているが、飼い主たちが彼ら専門家に頼ろうとする理由のほとんどが「問題行動を起こす犬を直すため」か、「問題行動を起こさないようにしつけるため」だろう。

問題行動とは、人に向かって吠える、噛みつく、トイレ以外の場所で排泄するなど、とにかく「人間にとって都合のよくないすべての行動」である。つまり、犬にとってはあたりまえの、まったく正しい行動であったとしても、それが人間にとって不都合であれば問題行動になるわけだ（だから具体的に何が問題行動となるかは、人間側つまり飼い主によって変わることになる）。

問題行動をする犬の飼い主にとって、もっとも気になるのは「なぜうちの犬はこんなことをするのか」ということだろう。問題行動の理由、原因である。ふつうに考えて、いろいろな原因がありそうである。

単純に、何らかの外的要因に対する反応というのもあるだろう。突然吠え出すので驚いたら、実は家の前を見知らぬ犬が歩いていて、それを警戒して吠えたのだった、といったようなケースだ。犬は家の外に見知らぬ犬がいることを察知するが、人間にはわからない。だから犬が意味もなく吠えたと考える。問題行動であるように思えるのだ。

人が犬に不快感を与えた、という可能性もある。噛みつかれた原因は、犬が触って欲しくない場所を、人が触ってしまったのかもしれない。これなどは原因は人間側にあるわけで、犬に「噛みついてはいけない」ということを教えると同時に（というより、それより先に）、飼い主にも教育しなければいけないわけだ。

また、犬は人間にしたがおうとしているにもかかわらず、人間の指示が一貫していない、もしくは指示の方法が間違っているなどで、犬が混乱、困惑しておかしな行動になってしまうこともあるだろう（実はこれがいちばん多いのではないかと、ぼくは考えている）。

このように問題行動の原因を特定していくのは、なかなかたいへんな作業になる。いくら考えてもわからないこともあるだろう。

ところが権勢本能理論を持ち出せば、たちどころに説明できてしまうのだ。

とにかく「犬は人間の上位に立って支配しようと考えているから」、飼い主より自分が上位だと思った犬は、自分に従属すべき人間に対しては「吠えたり」「噛んだり」

と攻撃をする。呼んでも（人間を馬鹿にして）来ない。トイレではない場所でうんちやおしっこをして片付けさせるのは、下位の存在である人間に対する嫌がらせ、いじめのつもりなのだ、という調子である。

問題行動をする犬の生活環境や飼い主との関係、生活歴などを丁寧に検証していくという、地道な作業をすべてすっ飛ばしてしまえるのだ。とにかくお手軽で、便利なのである。

かつて、こうした考え方に立つ訓練士、トレーナーは、「とにかく人間が上位であることを思い知らせる」ために、問題行動を解決する手段に罰を与えることをいとわなかった。場合によっては、叩いたり蹴ったりという暴力を伴うこともあった。アメリカで「カリスマ・トレーナー」として絶大な支持を得ているシーザー・ミラン（Cesar Millan）も、彼のテレビ番組で平然と体罰を行っている。

２０１８年3月、日本でも日本獣医動物行動研究会（Japanese Veterinary Society of Animal Behavior）が、体罰に関する以下の声明を発表した。

体罰に関する声明

日本獣医動物行動研究会は、飼い主、トレーナー、獣医師など動物にかかわる人が、家庭動物のしつけや行動修正のために「体罰」を用いること、またこれを推奨する行為に反対します。

体罰は一種の暴力であり、動物福祉を侵害する行為です。動物は体罰を受けることにより身体的だけではなく精神的な苦痛をも感じます。

私たちは、体罰に依ることなく科学的な根拠に基づき、動物福祉にかなった効果的で持続性があるしつけや行動修正の手法を開発・研究し続けること、それらを社会に発信・啓発し続けることに邁進します。

体罰を用いたしつけは、以前と比べて格段に減ったとは言われているが、それでもまだこうした声明を出さなければならないくらいには、残っているということなのだろう。

しかし、これを訓練士やトレーナーだけの責に帰してしまうことはできない。権勢本能理論が便利なのは（一部の）訓練士、トレーナーにとってだけでなく、ぼくら飼い主にとっても同様なのだ。

犬の問題行動は、その原因のほとんどが飼い主にあるとも言われている。犬の問題行動である以前に、人間の行動に問題があるのだ。例えば、叩いたり蹴ったりといった暴力のために犬が恐怖を感じ、それが原因で吠え癖や咬癖が起きる、あるいは人間の犬に対する反応が一貫していないことが犬にストレスを与え、そのストレスが問題行動の原因になったりする。

しかし多くの場合、人間は自分の行動に問題があるとは思っていないから、獣医やトレーナーに「犬にストレスを与えたことはありませんか？」と聞かれても、心当たりがない。どうかすると、逆にそんなことを聞いてくる獣医やトレーナーに反発を感じてしまう。こっちが悪いみたいに言って失礼な獣医だ、などと思うのだ。

そうではなく、しっかり自省ができ、犬の問題行動と真摯に向きあおうとする飼い主にとっても、その原因を突きとめるのは容易ではない。たいへんな手間と時間がかかる上に、飼い主も自分の問題行動と向きあわなくてはならない。これはなかなかつらいことである。

が、それも権勢本能という「犬の本能だからしかたないこと」で片付けられれば、飼い主は傷を負わなくてすむわけなのである。

と、ちょっと問題行動を持つ犬の飼い主にいじわるな言い方になってしまったが、これはぼくら飼い主全般に言えることなのだ。これまでさんざん偉そうなことを言ってきたぼくにしても、まったく問題がないはずはないのである。ただぼくが気づいていないだけで、コテツが負担に感じていることがないとは言えないのだ。

先ほど、犬に相手にしてもらえない息子の例をあげたけれど、「犬が息子を自分より下位に思っている」ことにしてしまうのが、いちばんわかりやすく、簡単なのである。息子が何か犬の嫌がることをしているという立場に立つと、その嫌がることは何だろう、どうしたら解決できるだろう、と一気に考えることが増えてしまう。しかもそう簡単に答えが出るものではなさそうだ。

だからぼくらは「順位づけ」論に、そのわかりやすさに頼ってしまうのだ。

先にぼくは「正確なわかりにくさ」より「不正確なわかりやすさ」の方が、ぼくらの心に容易に入り込む、と書いた。

「犬は喜び庭駆け回る」イメージをもたらした「わかりやすさ」、「飼い主べからず」に見るいささか乱暴な擬人化による「わかりやすさ」、そして権勢本能理論のシンプ

ル極まりない「わかりやすさ」。

ぼくらは犬という動物を理解するために、一度こうした「わかりやすさ」を捨ててみる必要があるのではないだろうか。

むしろ「わかりにくさ」こそが面白さなのではないかと思うのである。だって、人と犬は別の動物なのである。同じ動物である人同士でさえよくわからないのだから、犬のことがよくわからないのはあたりまえのことだ。よくわからないから、何とかわかろうとする、考える、想像する。だから面白い。

権勢本能というわかりやすい言葉に逃げない勇気をもって、犬に対したいと思うのだ。

根拠のない「権勢本能」とやらに振り回されて、

5　犬に飼い主の目を見つめさせてはいけない。
6　犬を抱きしめたり、優しく撫でたりしてはいけない。
7　何らかのしつけをする以外、犬と触れあってはいけない。
8　仕事や買い物から帰ってきたとき、犬に「ただいま」の挨拶をしてはいけない。
9　朝一番に犬に「おはよう」の挨拶をしてはいけない。犬の方から飼い主（群れの最上位）に挨拶をするべき。

なんてことをしていたら、いったい何のために犬を飼っているのか、わからないではないか。これでは誰も（人も犬も）、幸せになることができないだろう。

Part 4

犬と人がともに生きる奇跡

いつごろ犬は犬になったか

オオカミと犬は違う、犬は人と暮らしはじめてオオカミとは別の動物になった、と書いてきたが、では犬は「いつ」「どこで」「どのように」人と暮らしはじめたのだろう。

犬の祖先にあたる動物は何かという問題は、先人たちにとってもたいへん興味を惹かれることだったようだ。チャールズ・ダーウィン（Charles Darwin　言うまでもなく『種の起源』を書いた、あの「進化論」の人だ）をはじめ、多くの学者たちがオオカミとかジャッカルとかコヨーテとか、さまざまなイヌ科動物を犬の祖先として想定してきた（面白いことに、犬が現存動物を祖先に持つ、いわば後発の動物であることは一致した見方だったようだ）。

なかでも有力視されていた祖先候補がオオカミだったのだが、オオカミが犬の祖先であることが決定的となったのは、遺伝子の比較によってだった。

1993年に、カリフォルニア大学ロサンゼルス校（UCLA）の進化生物学者ロバート・ウェイン（Robert Wayne）が、イヌ科の動物のミトコンドリアDNAの塩基配列を比較したのだが、その結果、犬とオオカミがきわめて近いことがわかった。一方でジャッカルやコヨーテはオオカミよりも遠かったことから、犬の祖先はジャッカルやコヨーテではなく、オオカミ（タイリクオオカミ）であることは確実と考えられるようになった。

犬の祖先はオオカミであるとして、ではオオカミは「いつ」「どこで」人間と暮らしはじめ、犬になったのかは、すでに簡単に触れたように、さまざまな説がある。

最初に有力視されていたのは「1万2000年以上前に、西アジア・中東地域で家畜化された」という説だ。これはイスラエルのアイン・マラッハ遺跡で発見された高齢女性と思われる遺体が、イヌ科の幼獣の骨に手をかけた状態で発見されたことから唱えられるようになった。人と動物が同じ場所で同時に亡くなったと思われること、身体的な接触があったことなどから、当時の人が何らかのイヌ科動物を手なずけていたと考えられるからである。

1997年には、犬の祖先がオオカミであることを明らかにしたウェインやスウェーデン・ウプサラ大学のカルレス・ヴィラ（Carles Vilà）が、やはり遺伝子の分析によって、13万5000年前という数字をはじき出した。これは犬とオオカミのミトコンドリアDNAの塩基配列の変異（変異の数は全塩基の1％ほどになる）が生じるの

には、これだけの時間がかかるという意味である。

ただし、この数字はあくまでこの変異が「自然に」「緩やかに」起きた場合であって、この間のどこかに突然変異によって急激な変異をもたらす個体が挟まれば、事情は変わってくる。変異に要する時間はぐっと短くなるわけだ。別の研究者の試算によれば、突然変異の個体が1頭であれば、所要時間である13万5000年は4万年になり、さらに数頭の個体が関与するならば、この期間は1万5000年まで短縮されるという。

つまり、この「オオカミと犬の遺伝子がこれだけ変わるのに必要な年月が、犬という動物の歴史」、すなわち犬が誕生してから経過した時間であるという考え方によれば、犬が人と暮らしはじめたのは、1万5000年前から13万5000年前までのどこか、ということになる。

より具体的に、家畜化の時期と場所が明示された研究が発表されたのは、2002年のことだ。スウェーデン王立工科大学のピーター・サボライネン（Peter Savolainen）らは、ユーラシア大陸の38匹のオオカミと、アジア、ヨーロッパ、アフリカおよび北極圏アメリカといった広範囲から集められた654匹の犬のミトコンドリアDNAを調べた。その結果、東アジアの犬には、ほかの地域の犬たちと比べて、より大きな遺伝的多様性が見られたのだという。遺伝的多様性が大きいというのは、それだけ古いことを意味する。多様化したということは、多様化するだけの時間が経過したことにほかならないからだ。

これらの調査結果を元にサボライネンは、犬が家畜化されたのは東アジアにおいてであり、その時期は1万5000年より前である、と結論づけた。

これに対して、2010年にはUCLAのブリジット・フォンホルト（Bridgett vonHoldt）が遺伝的多様性は中東アジアのオオカミが高いと「中東起源説」を提唱し、さらに2013年になると「ヨーロッパ説」が発表される。

フィンランドのトゥルク大学の進化遺伝学者オラフ・タルマン（Olaf Thalmann）らは、古代のイヌ科動物のミトコンドリアDNAと、現代のイヌ科動物のミトコンドリアDNAを比較した。それによると、ヨーロッパの古代オオカミのDNAにもっとも近かったのは現代の犬だった。このことからタルマンは、犬の家畜化はヨーロッパで始まったと考えた。そして、犬の直接の祖先になったのは、現在は絶滅しているオオカミであると結論づけた。現在のオオカミよりも、古代オオカミの方が犬に近かったからである。この絶滅した古代オオカミから、現代のオオカミと犬が分化したと考えたのだ。

そして２０１５年には、サボライネンらが「家畜化二段階説」を提出した。それによると、家畜化が起きたのは中国で、その時期は3万３０００年前だった。そこで完全に飼い慣らされた犬が1万８０００年前に中国から全世界に広まりはじめた（これが家畜化の第二段階）のだという。

この年にはアメリカ・コーネル大学のアダム・ボイコ（Adam Boyko）らによる「犬の起源は現在のモンゴルやネパール周辺の中央アジア」という説も発表された。この研究は世界38か国に生息する、純血種４６７６匹と雑種５４９匹のＤＮＡ解析によるもので、家畜化の時期は1万５０００年前としている。

さらに２０１６年になると、オックスフォード大学のローラン・フランツ（Laurent Frantz）らが「犬の家畜化はアジアとヨーロッパで別々に起きた」とする「家畜化二元説」を発表した。

彼らの主張によると、1万２５００年以上前、ヨーロッパと東アジアでそれぞれ別個に家畜化が起きた。そして、東アジアからヨーロッパに移動する人と行動をともにして、アジアの犬もヨーロッパに移動した。そしてヨーロッパでアジアの犬とヨーロッパの犬が出会い、交配することで、現在のヨーロッパの犬、西洋犬が生まれた、というのが大まかな流れになる。そのため、現在の西洋犬の大半（90％ほどとされる）

には、アジア発生の犬の血が入っているということだ。

こうしてざっと並べてみても、犬の起源についてはここ20年ほどの間に新しい説が次々に登場してきていることがわかる。それだけ犬についての研究が新しい学問であるとも言えるのだが、それにしてもそれぞれが遺伝子解析による研究であるにもかかわらず、どうしてこんなにいろいろな説が出てくるのだろうか。

遺伝子の解析といっても、方法はひとつではない。遺伝子のどの部分をどう比較するかによって変わってくるのだ。だからさまざまな結果が出る。また、これまで研究に使われてきたDNAがミトコンドリアDNAが多かったことも無関係ではない。ミトコンドリアDNAは母から子に受け継がれるものなので、生物全体の遺伝情報として扱うには充分ではないきらいがある。両親の情報を受け継ぐ核DNAでの解析ができればいいのだが、核DNAの比較ができるようになったのは最近のことだ。

そして、さらに問題を難しくしているのが、オオカミと犬の混血の問題だ。オオカミと犬は交配が可能で、オオカミと犬がはっきりと分化した以降も、両者の間ではごくふつうに交配、交雑が行われていた。その結果、現代のオオカミの多くが犬の遺伝子を持っているし、現代の犬もまたたいていがオオカミの遺伝子を持っている。そのためオオカミと犬がどこで分化したかを調べ、特定するのはとても難しいのである。

それはともかくとして、フランツらの説が興味深いのは「犬の家畜化は一回だけではなかった」と言っていることである。注意深い人はお気づきだろうが、これ以前の説は「アジア説」にせよ「ヨーロッパ説」にせよ「中東説」にせよ、「犬の家畜化は一回だけ起きた」というものが多い。家畜化が一回だけというのは、「オオカミが人と暮らしはじめて犬になった」事件は、アジアかヨーロッパか中東で一回だけ起こり、そこで生まれた犬という動物が人の移動とともに世界中に広まった、という意味である。「アジアが先か、ヨーロッパが先か」ではないのだ。「アジアだけか、ヨーロッパだけか」なのだ。

犬以外の家畜の場合、起源が問題になるときも多くは「どこが最初にやったか」という話になる。家畜化自体は、さまざまな場所で起きるのだ。それはその場所独自に起きたことかもしれないし、先行する別の地域から家畜化の技術が伝わってのことかもしれないのだが、同じような時期に、広い範囲の地域で起きる「同時多発」的なものだと考えられている。例えば牛の場合、西アジアとインドで家畜化されたが、それぞれの地域では原種であるオーロックスの系統が異なっている。元のオーロックスから枝分かれした2種類の牛を、それぞれ西アジアの人たちとインドの人たちが独自に家畜化したと考えられているのだ。

ところが犬においては家畜化そのものが一回しか起こらなかった、と考えられてきた。２０１５年のボイコらによる研究では、複数の場所における家畜化がそれぞれ独自に起きた可能性に注目して行われているのだが、ボイコによれば「複数の家畜化現象が個別に起きたという証拠は見つからなかった」という。これもちょっと不思議なことではあるのだ。

実際に犬の家畜化が東アジアもしくはヨーロッパあるいは中東で一度だけ起きたものなのか、それともフランツらが主張したように（そして１９９０年代の終わりにカルレス・ヴィラが示唆していたように）、複数の場所で複数回行われたのかは、まだわからない。

ただ、犬の家畜化がほかの動物と違って一回しか起きなかったとされたのは、オオカミ（犬）と馬や牛や山羊のような大型哺乳類とは事情が大きく異なっていると考えられたからでもあるだろう。

なぜ、犬はほかの動物たちと違うのだろうか。

	概要	起源動物	家畜化の年代	家畜化の場所	発生形態
	DNAの比較で、イヌ科動物の中で犬とはオオカミがもっとも近かった。	タイリクオオカミ			
	現在の犬は４つのグループに分類される。４種類のオオカミの亜種から進化したと推測できる。	タイリクオオカミ（４つのグループ）	13万5000年前		独立発生
	東アジアの犬に大きな遺伝的多様性が見られた。	タイリクオオカミ	1万5000年以上前	東アジア	単一起源
	遺伝的多様性は中東アジアの犬が高かった。	タイリクオオカミ		中東アジア	単一起源
	現存するオオカミより古代オオカミの方が犬に近いことから、すでに絶滅した古代オオカミから、現在のオオカミと犬が分化した。	絶滅したオオカミ		ヨーロッパ	単一起源
	家畜化は中国で起き、その後、世界に広まった。「家畜化二段階説」。	タイリクオオカミ	3万3000年前	中国	単一起源
	犬の起源はモンゴルやネパールなど中央アジア。	タイリクオオカミ	1万5000年前	中央アジア	単一起源
	犬の家畜化はヨーロッパと東アジアで別々に起きた。「家畜化二元説」。	タイリクオオカミ（２つのグループ）	1万2500年以上前	ヨーロッパと東アジア	独立発生

参考：渡邊学「イヌゲノム研究の現状と課題と展望－イヌと起源、形質、遺伝病、がん－」
（『動物遺伝育種研究』44）

【表4-1】犬の起源に関する主な研究

発表年	発表者	解析対象動物と数	解析遺伝子
1993	R・ウェイン		ミトコンドリアDNA
1997	C・ヴィラ	オオカミ 162個体 犬 140個体	ミトコンドリアDNA
2002	P・サボライネン	オオカミ 38個体 犬 654個体	ミトコンドリアDNA
2010	B・フォンホルト	オオカミ 225個体 犬 912個体 コヨーテ 60個体	SNPジェノタイピング (一塩基多型による遺伝子型決定)
2013	O・タルマン	オオカミ 49個体 犬 77個体 コヨーテ 4個体 犬の化石 18例	ミトコンドリアDNA
2015	P・サボライネン	オオカミ 12個体 犬(古来種)27個体 犬 19個体	全ゲノム配列
2015	A・ボイコ	犬(純血種)4676個体 犬(村の犬)549個体	ミトコンドリアDNA
2016	L・フランツ	犬の化石 59例 犬の化石 1例 犬(データ)80個体 犬 605個体	化石 59例 ミトコンドリアDNA 化石 1例 核ゲノム データ 80個体 核ゲノム 犬 605個体 SNPジェノタイピング

家畜化できる動物とは

犬が家畜になった過程を考える前に、そもそも家畜とは何なのか、家畜化とはどんなことなのかを整理しておこう。

家畜を辞書的に説明するなら、例えば「人間が生活に役立てるために飼育・繁殖させている動物。馬・牛・豚・羊・ニワトリなど」(『明鏡国語辞典　第二版』大修館書店)ということになる。その動物の肉や皮、乳、毛、卵、力といった生産物を、食料、衣服、農業や狩猟あるいは運搬・移動の労働力として「役立てる」わけだ。

ここでポイントになるのが「飼育・繁殖させて」の「繁殖」である。人為的な繁殖を行っていない動物は家畜とは呼ばないのが一般的だ。この例としてよくあげられるのがアジアゾウで、彼らは象牙を取られたり運搬・移動を担ったりして人間の役に立っているのだが、人の手による繁殖は行われていない。

さらに言うと、家畜とは人為的な繁殖によって、つまり人にとって便利なように選択淘汰されて、野生種とは異なる形態を得た動物を指す。野生のイノシシを人為的に改良した豚がいい例だが、家畜としての馬や牛も、元になった野生種とは別の品種になっている。

こうした定義にしたがうと、人の役に立っているとはいっても、前出のゾウや、鵜飼いの鵜、鷹匠の鷹（ハヤブサ）なども動物としては野生種であって、家畜ではないことになる。

我らが犬はもちろん、人為的な繁殖によってオオカミとは別の形態を獲得し、人間に労働力を提供する、いずれの条件も満たした立派な家畜なのである。

しかし、どんな動物でも家畜になれるわけではない。進化生物学者のジャレド・ダイアモンド（Jared Diamond）によれば、現在地球上に生息している「家畜化の候補になりうる陸生の大型草食哺乳動物」は１４８種いるが、そのうち家畜化に成功したのはわずか14種に過ぎない。残りの１３４種は家畜化されなかった（あるいは家畜化できなかった）のである。この14種と１３４種を分けたものは何なのだろうか。

動物を家畜にするためには、家畜化される動物が持っている特性に、いくつかの条件があると考えられている。ぼくは前著『馬はなぜ走るのか』でその五つの条件をあげているのだが、ここではジャレド・ダイアモンド先生に敬意を表して『銃・病原菌・鉄』（倉骨彰訳、草思社）で述べられている6項目に沿って考えてみよう（とはいえ、ぼくがあげた5項目と内容はほぼ同じである）。

ダイアモンドがまずあげた第一の条件は、餌の問題である。動物を家畜化する第一段階として、その動物を飼育しなければならない。飼育するということは、彼らに餌を与える（しかも継続的恒常的に与え続ける）必要がある。であるなら、その餌は簡単に、かつ大量に手に入るものである方が有利であって、となると家畜化に向いているのは草食動物ということになる。動物に餌を与えるために、わざわざ狩猟という危険で手間のかかることが必要になる肉食動物は、とてもコストが高いのだ。

草食動物の中にもパンダ（竹や笹）やコアラ（ユーカリ）のように餌の植物を選ぶものがいるが、これらも家畜化には適さない。家畜にはそこらへんに生えていて、しかも人間にとっては必要でない（人の食べ物と競合しない）草を食べてくれる馬や牛や羊や山羊が向いているのである。

第二は成長速度の問題だ。

成長速度が遅すぎないことも、重要な条件になる。食用にするにせよ労役に使うにせよ、人間の役に立つようになるまでに10年も20年もかかる動物では、コストがかかりすぎるのだ。前述したゾウが家畜にならない理由のひとつがこれだ。彼らは成長に時間がかかりすぎるため、人間の手で飼育するよりも野生の状態で成長したものを捕獲してきた方が、はるかに効率的なのだ。

この点でも牛や馬は優れていて、肉牛は生後2年半から3年ほどで出荷できるし、サラブレッドも早ければ2歳の夏には競馬に出て、賞金を獲得できるのである。

第三の条件は繁殖上の問題、繁殖が容易であること、だ。

餌も安上がりで成長も早い動物であっても、繁殖が困難であれば家畜には向いていない。

繁殖が困難な動物として、ぼくらが真っ先にイメージするのはジャイアントパンダだろう。上野動物園でのジャイアントパンダの出産があれほどの大騒ぎになるのは、パンダの人工繁殖がきわめて難しいからである。成体のオスとメスのカップリングから始まって、妊娠も難しい。やっと妊娠しても生まれる子どもは1頭で、その子どもが育つのも簡単ではない。

だから妊娠が確認されたのがニュースになり、赤ん坊が生まれたときには日本中が大騒ぎになり（身内の話で申し訳ないが、ぼくの両親も高齢で足が悪いにもかかわらず、シャンシャンが見たいといって10年ぶりに上京した）、1歳の誕生日を迎えられたといって祝賀イベントが開かれる。

ジャイアントパンダがいくらかわいくて人気があるといっても、毎年あたりまえの

ように赤ちゃんが生まれていたら、おそらくニュースになることもないだろう。

ジャイアントパンダの繁殖は動物園というきわめて特殊な環境で、繁殖できるかどうかそのものに意味があった。しかも彼らは上野動物園の花形であり、お金も人員も充分にかけられるからできたことで、そうでなければとてもできることではない。

人間の飼育下での妊娠、子どもの成長が難しい動物は家畜にならない。効率が悪すぎるのである。

第四が気性の問題だ。

家畜にするには、人間が飼育できる程度には気性が穏やかである必要がある。とくに肉を食用にしたり労役に使う動物は体が大きく力が強い方がいいわけだが、そうした動物は人間にとって危険でもある。その動物が草食動物であったとしても、動きを制御できずに襲われた場合、命にかかわるのだ。

気性が原因で家畜化できない動物の代表が、シマウマである。

シマウマは家畜となった馬と同様に平らで硬い背中を持っていて、人が乗るのに適した体をしている。また、馬には前歯と奥歯の間に隙間（歯槽間縁（しそうかんえん）という　図4－1）があって、その隙間に馬銜（はみ）という道具を通すことで手綱によるコントロールができるようになっている。馬が移動の手段として人間社会に大きな貢献ができたのはそのためだが、シマウマにもその歯槽間縁がある。つまり、いかにも人が乗れそうな、人の役に立ちそうな動物なのである。

ところがシマウマは家畜にできなかった。子どものときはまだ人に従順なのだが、長じるにしたがって気性がたいへんに荒くなり、とても人の手に負えなくなるのだ。人が制御できないほど気性の荒い動物は、家畜には向いていない。

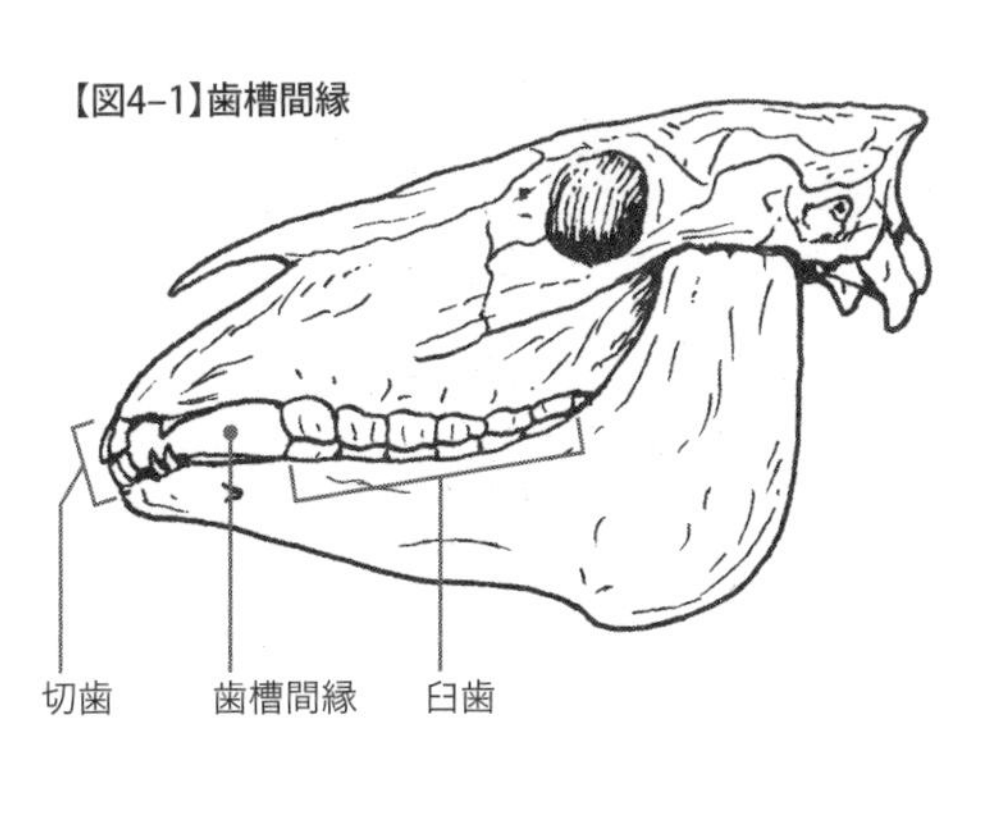

【図4-1】歯槽間縁

ダイアモンドがあげている条件の五番目は、パニックになりやすい性格かどうか、である。パニックになりやすい動物は家畜にしにくい、というのである。もちろんパニックになりやすいよりもなりにくい方がいいのは確かだろうが、ぼくにはこれがそれほど重要な要素とは思えない。

ダイアモンドは、大型の草食哺乳類には神経質でびくびくしていて、危険を感じるや一目散に駆けはじめるものもいればそうでないものもいるが、神経質なタイプの動物の飼育は難しい、と言っている。

しかし、その「神経質でびくびくしていて、危険を感じるや一目散に駆けはじめる」タイプの動物が、家畜の代表的な存在になっているのだ。馬である。

馬はひじょうにパニックになりやすい動物だ。牧場で放牧されている馬が雷の音に驚いて放牧場を走り回り、牧柵に激突して死んでしまうなどという事故が起きる。しかもこのパニック状態は伝染するから、1頭がそうなってしまうと周囲の馬たちも次々に恐慌状態に陥ることになる。

ぼくはホーストレッキングが好きで機会があればやっているのだが、トレッキング中に馬たちがパニックに陥って暴れ出すという経験をしたことがある。

10頭ほどのトレッキングツアーで山の中を歩いていたとき、遠くからバリバリという音が聞こえてきた。あとで聞いたところでは、どうやら大型の草刈り機のようなものが入ってきたらしいのだが、その音を聞くなり、1頭の馬がパニックになった。その恐慌状態はたちまちほかの馬たちにも伝染して、ツアー全体が大混乱に陥った。

何頭かの馬は回れ右をしてもと来た方向に走り出し、ある参加者は100メートルほど走られたあとで振り落とされ、かけていた眼鏡がどこかに飛んでいってしまった（ぼくの妻だが）。ぼくはぼくで尻っぱねをされたり（馬が両後脚で自分の後ろの空間を蹴る動きだが、これをやられると前につんのめって落ちそうになる）、逆に腰を落とされたり（こちらは後ろにひっくりかえりそうになる）と、まるでロデオのようなことをやらされた。我ながらよく落ちなかったものだと思うが、となりでは別の馬が同じように尻っぱねをしていて、落ちたらそれに蹴られるのではないかという恐怖もあって、必死にしがみついていたのだ。それはそれは怖い思いをしたのである。

どのくらいの時間だったのか、騒ぎの真っ直中（まっただなか）にいたぼくにはわからないのだが、それでもしばらくすると馬たちも冷静さを取り戻し、走り去っていった馬もまた戻ってきた。それでも、ひとまずは落ち着いたように見える馬たちもいつまた不安定になるかわからず、また妻をはじめとして参加者の半分くらいはもう馬に跨（また）がるのも嫌になっていて、ツアーの続行は不可能だった。しかたなくぼくらは各自が自分の馬を曳きながら、歩いて山を下りたのだ。

馬というのは、そういう動物なのである。競走馬が日々の調教を行っているトレーニング・センターでは、雨が降ってきたからといって、迂闊（うかつ）に傘を開けない。周囲に馬がいないことを確かめてから、静かに開かないといけないのだ。傘が開く動きと音で馬が驚くというのである。ちょっと神経質な厩務員になると、馬の視界に入るところで（かなり距離は遠くても）小走りに走っただけで「馬が驚く」と機嫌を損ねる。むしろそんなにピリピリして馬に接していたら、馬にもいい影響はないのではないかと思うのだが、それは余計なお世話というものなのだろう。まあ、ともかく馬とはそんな動物なのだ。

それでも馬は家畜になっているので、家畜化できる条件に「パニックになりにくい」をあげるのは、ちょっと厳しいように思う。ただ、馬が家畜化されたのが山羊や羊、それに牛といった「極端にパニックになりやすいわけではない」動物よりもかなり遅かったのは、この影響があった可能性はあるかもしれない。

そして最後、六番目の条件が、序列のある群れを形成すること、である。序列のある群れを作る動物は、人間がその序列の頂点に立つことで群れ全体をコントロールできるため、家畜化がしやすいということだ。

ダイアモンドは『銃・病原菌・鉄』の中で、オオカミの群れには序列性があるとしているが、前述したようにこれについては大きな疑問がある。

また、彼は序列性を説明するにあたって馬を例にあげているが、これについてもやや疑問の余地がある。

彼は馬には、

上位 ↓ 下位

A↓B↓C↓D↓……

といったような直線的な序列があるとしている。移動するときに歩く順も序列によって決定されており（ダイアモンドは、最上位の馬が最後尾を歩き、先頭は序列2位の馬が歩くと言っている）、そのために群れが秩序だって動くというのだ。

だが、これは人間の飼育下でのことになるのだが、牡馬と牝馬では序列のあり方が異なっていることがわかっている。人の飼育下では繁殖をコントロールするため、牡馬は牡馬だけ、牝馬は牝馬だけの群れを作っていることが多い（これは馬に限らないが）。そこでそれぞれの群れを観察すると、牡馬の場合はおおむねダイアモンドがいうような形態を取るが、牝馬は必ずしも直線的な序列を取らないという報告がある。AはBより上で、BはCより上という関係があるときでも、CがAに対して上位になるケースがあるという。

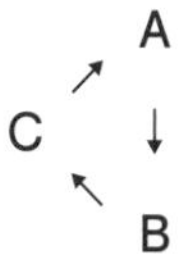

A
↗　↓
C　　
↖　B

といった、ジャンケンのような関係である。

野生馬の群れは牡馬1頭に牝馬数頭というハーレムの形態を取っていて、そのトップには牡馬が君臨しているので、牡馬が群れ全体をコントロールできるだろう。飼育されている馬でも牡馬の群れの中では、同じように序列によるコントロールができると考えられる。しかし牝馬の群れにおいては、そもそも「群れの頂点」が確定できないこともありうるわけだ。「人が序列の頂点に立つことで群れをコントロールできる」と、単純に考えていいものなのかどうか。

そもそも、人間が動物の群れのトップに立つというのがどんなことなのか、わかるようでわからないところがある。人間と動物では食べるものも行動様式もまったく違うわけで、同じ場所にいる時間もひじょうに短い（人間が馬と一緒に放牧されているわけではない）。そうしたごく基本的かつ根本的なことが異なっていながら「群れのトップに立つ」などということができるものだろうか、とも思うのだ。案外「群れのトップに立っている」と思っているのは（おめでたいことに）人間だけであって、動物たちはまったく別の思惑で行動しているのではないかという気もするのだ。

とはいえ、現実的に群れを形成する動物が家畜化しやすいというのは、とてもよく理解できる。

群れを作らず単独行動をする動物は、（家畜化の大前提である）捕獲自体が効率的ではないし、同じ場所で複数の個体を飼育することも難しいからである。

家畜化条件とオオカミ

では、我らが犬（正確を期すなら犬は家畜化されることで「犬」になったので、犬になる前の「祖先のオオカミ」だが）は、この家畜化条件に照らすと、どうなのだろうか。最初に家畜になったのだから、家畜に向いた動物だったということだろうか。

彼らがこれらのうち、いくつかの条件に適合していることは間違いないだろう。

まず、成長速度は問題がない。生まれて1年もすれば、狩りに出たり、羊たちを追ったり、あるいはそりを曳いたりといった、人間が期待する働きを彼らはきっとしてくれるだろう。繁殖年齢に達するのも早いし、人の飼育下での繁殖も、とくに困難ではない。子どもは複数で生まれてくるから馬などに比べると効率もいいし（馬は通常一回の妊娠で1頭の子どもを産む）、人が子育てを助けることもできる。パニックになりやすいかどうかは、草食動物、被食動物が捕食動物に襲われて身の危険を感じたときに起こす反応の話なので、これはそもそも関係がない。

ということで、検討が必要になるのは、残りの3項目である。

まず、序列性のある群れを形成するかどうかだが、オオカミの群れは両親とその子

どもという家族であって、ダイアモンドが言っているような形態の序列はない。しかし両親を中心にした家族としての秩序は存在するので、そのときどきによって父親であったり母親であったりが状況に応じて指導的な立場を取り、群れをコントロールするだろう。したがって、文言どおりの意味ではないけれども、実質的には問題ないとしていいように思う。

問題はやはり、餌の問題と気性だろう。犬以外の主な家畜との決定的な違いが、ここにある。馬や牛や羊や山羊などはすべて草食動物だが、犬の祖先であるオオカミは肉食動物である、というところである。

すでに述べたように、肉食動物を飼育するのは、草食動物とは比較にならないほどのコストがかかる。犬が家畜化された時期、まだ人間は農耕を始めていなかった。動物を狩ったり、植物を採集して食べていたのだが、草食動物の場合は自生している植物を与えればよく、しかも人間が食べないような草を主食とする動物であれば、ひじょうに低コストで飼育することができる。

ところが肉食動物を飼育しようと思ったら、自分たちの分だけでなく動物に与える分の肉も手に入れなければならない。おそらくは自分たちが食べる量の確保も容易でなかったであろうことを考えると、このためにはたいへんな負担がかかったはずである。

肉食動物であるから、飼育されるのに向いた気性でもない。実際に、動物園のような一般の人間と隔離した状態での飼育を別にすれば、オオカミの飼育は成功していない。前述したシマウマと同じで、子どものオオカミは犬と同じように従順で遊んだりすることもできるのだが、成長すると人間が制御できない、人間に危害を加える存在になってしまうのだ。

そもそも肉食動物であるオオカミと、雑食ではあるが肉食も不可欠な人間との関係は、同じ獲物を争うライバル関係であったはずだ。さすがにふだんはお互いを狩りの対象にすることはなかったというが、これは当然のことだろう。肉食動物を狩るのはたいへんにリスクが高いのである。もっと容易に手に入れられる草食動物の獲物がいれば、あえてオオカミを狙う必要はない。というより、オオカミに手を出さずにすむように、草食動物を探すだろう。

それでも人とオオカミとで狙っている獲物がかちあったりする場面もあっただろうが、そんなときでも狩る必要はないのだ。相手を追い払えば充分なのであって、殺すとか捕まえるまではしなくていい。人とオオカミが「狩る／狩られる」の関係になることがあったとしたら、それはよほど切羽詰まった状況であっただろう。

そんなオオカミが家畜になったのはなぜだろうか、と思うのである。

餌のコストも低く、気性もおとなしく、体も比較的小さくて行動の制御も容易な山羊や羊の方が、家畜にするには簡単なのではないか。いや、動物の肉や皮を安定的に入手するためであるなら、大きめの齧歯(げっし)類だっていいのである。まあ、あまり小さいと今度は肉の量が少なくて効率が悪いという別の問題が出てくるのかもしれないのだが、それにしても肉食動物よりははるかに簡単なはずだ。

簡単であれば、その方が早く起きて不思議ではない。というより、そちらの方が自然なのだ。オオカミよりも羊や山羊の方が先に家畜になって当然に思える。

捕獲も飼育も難しそうに思える肉食動物のオオカミが家畜化されたことがすでに奇跡的なように思えるのだが、それがもっとずっと簡単に家畜化できそうな草食動物より早く（しかもずいぶんと早く）達成されたのは、不思議というほかはない。

なぜ、そんなことができたのだろうか。なぜ、人間はオオカミを家畜にしようと考えたのだろうか。

オオカミ、人と出会う

オオカミが人と暮らすようになったのはなぜか、そこにはどういった経緯があったのかについては、さすがに想像するしかない。そこまでは遺跡も、遺伝子もなかなか明らかにしてくれないからだ。とはいえ、この「想像を働かせる」ことはとても楽しいことであって、これまでも多くの人たちが、オオカミと人が出会い、ともに生きるようになった理由やいきさつを想像してきた。

最初に考えられたのが、「子オオカミを連れてきた」というものだ。オオカミの成獣を捕獲、飼育するのはさすがに難しいが、実際に人間の手元に連れてきたのは間違いないのだから、子どもを連れてきたに違いない、ということなのだろう。しかし、子どもを連れてきてしまうというのは、かなり危険な行動である。親の留守中に子どもを攫(さら)ってくること自体はさほど困難はないだろうが、そのあとが危険だ。

子どもがいなくなったとなれば、親オオカミが黙っていないに違いない。子どもの匂いを追って、人間の集落までやってくるだろう。そして集落を襲い、子どもを奪還しようとするだろう。これはまるでオオカミに喧嘩を売っているようなもので、そこ

までして子オオカミを攫ってくるメリットがはたしてあるだろうか。

かつてモンゴルには、オオカミ狩りの習慣があった。モンゴル人にとってオオカミは、チンギス・ハーンを指して「蒼き狼」ということからもわかるように、民族の祖に通ずる神聖な動物である。しかし一方では彼らの財産である家畜を襲う困った獣でもあった。そこで、オオカミを滅ぼさないまでも数を減らすために、オオカミを狩っていたのである。

オオカミ狩りには、馬と犬を使って成獣を追うものもあったが、親オオカミが狩りに出ている隙を狙って、子どものオオカミを攫ってくることも行われていた。彼らの目的はオオカミの絶滅ではなかったので、何頭かいる子どものうち、必ず1頭は巣に残し、残りの子どもを攫ったのだという。しかし、子オオカミを攫ってきた人は、足跡を反対側に向けて家に入らなければならないとされていた。オオカミにあとを追われて襲われるのを防ぐための儀礼行為だ。

家畜を守るため、つまり自分たちの生活を守るために、必要に迫られて子オオカミを攫うときでも、これだけオオカミを怖れるのである。何ら差し迫った理由なく「オオカミを飼ってみよう」くらいの気持ちで、子オオカミを攫うとは、ちょっと考えられない。

ちなみに、モンゴルでは、攫ってきた子オオカミはほとんどがすぐに殺された。稀にしばらく飼育して、犬と交配させてより勇敢な（獰猛な）犬を作ろうとしたこともあったという。しかしその場合も、成獣になる前には殺されることになった。大人になったオオカミはとても飼育できる動物ではなかったからだ。

大人のオオカミも捕まえられない、子どもも連れてこられないとなると、はたしてほかに方法があるだろうか。

実はあるのだ。それは「向こうからやってきた」だ。人間が捕獲できないとなれば、オオカミの方から来てもらうしかない。オオカミの方から来てもらえば、人間はほとんど何もしなくていいのである。

「オオカミの中でも気性が穏やかで、人に馴れることができそうな個体が、向こうの方から人間に近づいてきた」説である。ずいぶん都合のいい説ではあるのだが、現在のところこれがもっとも有力であり、ぼくもそうに違いないと思っているシナリオだ。

オオカミたちは群れで狩りをし、獲物を群れのメンバーで分けて食べるが、すべてのメンバーが満足するだけの量が確保できないことがあるだろう。となると、群れの中でも弱い個体は充分な餌にありつけずに飢えることになる。そうした個体が、人間

の食べ残しを狙って人の集落に近づいてきたのではないか、というのが、この説の最初の見立てであった。

食べ残しというか、人間の食べなかった骨や、骨について残った肉、内臓といったものだが、オオカミは腐肉（ふにく）を食べることもあるから、これを狙っても不思議ではない。群れの中で弱い立場にいるということは気性も穏やかだろうし、人にも馴れやすい個体なのではないか、と考えられるのである。

とはいっても、オオカミが人間の集落に近づくのは、ひじょうにリスクの高い行動である。人間にしてみれば、食べ残しとはいえオオカミにくれてやる謂われはないわけで、しかも食べ残しにとどまらず保存食にまで手を出されてはたまらないから、当然のように追い払おうとするだろう。この場合、人間にとって相手は通常のようなオオカミの群れではなく、弱い個体の単独行動になるだろうから、人間もただ追い払うだけではなく、獲物として殺そうとするかもしれない。群れが相手ではたやすいことではないが、１匹ならばと考えても不思議はないからだ。しかし餌を食べていない飢えたオオカミは、そうした危険を冒すことも厭わないだろう。

しかし、危険なばかりともいえないのだ。人間の隙を見てまんまと食べ物にありつくこともあるだろうし、運がよければそのとき人間が食事をしたばかりで満ち足りていて、飢えたオオカミの振る舞いを見逃してくれるかもしれない。

そうして人の食べ残しを食べることのできたオオカミは、次に充分な餌にありつけなかったときも、また人間の集落に来てみるだろう。また食べられた、となると次もまた来ることになる。そうしたことを繰り返すうちに、ここの人間たちは（オオカミが身の程をわきまえて、残り物だけを食べている限り）とくに危害を加えてくるわけではないことを覚える。それなら最初から人間について歩いていれば、もっと簡単に餌を食べられるだろうと考えるようになる。

人間側も、いつもやってくるオオカミは静かに食べ残しを持っていくだけで、人を襲ったりすることがないことがわかると、それを面白がる者が出てくるかもしれない。今度来たらちょっと餌をあげてみようか、と思う。やってきたオオカミに餌を投げ与えてみると、食べた。次はもう少し、近くに投げてみようかなどと考えるわけだ。

そのオオカミはやがて本来の群れに戻る時間よりも人間のそばにいる時間の方が長くなった。オオカミの群れでは危険で疲れる狩りに参加して、そのわりには少しの餌しか食べられない。ところが人間のそばでは狩りをしなくても、どうかするとそれ以上の餌を食べることができる。とすれば、群れにいるよりもこちらの方がいい。ということで、いつしか一緒に暮らすようになった、というのが、この説の概略だ。

ただ、この説はオオカミの群れの中に強権的な序列が存在し、弱くて序列が低く、群れから疎外される個体がいることが前提になっている。しかしオオカミの群れにはそうした序列はない。ひじょうに平和な家族集団なのであることは、すでに繰り返し書いてきたことだ。

では、この説は成立しないのだろうかといえば、そんなことはない、成立しうる、とぼくは考えている。

オオカミがやってきた

初めて人間のそばにやってきた、この「ファーストペンギン」ならぬ「ファーストオオカミ」(英語だから「ファーストウルフ」か?)が、群れからはみ出した弱い個体である必要はまったくない。

オオカミの家族の中で、弟妹たちの子育てを助けている若い個体が、ふと通りかかった人間の集落に興味を持ったのでもいい。それどころか、父親でも母親でも、狩りに出たところで肉の匂いを嗅ぎつけ、人間の集落にやってきたのでもかまわない。そこには人の食べ残しがあった。これを持って帰れば、わざわざ狩りをしなくてもすむと、オオカミは考えた。という想定でも、その後の展開は成立するのである。

重要なのは、そのオオカミが人間を怖れず、むしろ人間という存在に興味を持つような個体かどうかということである。そうしたパーソナリティを持っている個体であれば、飢えている必要はない（もちろん飢えていてもいいが）。

あるいは自身が繁殖可能なまでに成長したことで、群れを出て独立することになった個体を想定してもいいだろう。両親の元を離れ、これからは自分の力で獲物を捕り、生きていくことになった、勇気と好奇心に満ちた若いオオカミが人間に近づいたと考えることに、何か不都合はあるだろうか。

その若いオオカミは、やがて伴侶を見つけるだろうが、パートナーが人とともに過ごしているのを見ていれば彼（あるいは彼女）もまた、人間を怖れなくなるかもしれない。子どもが生まれれば、その子どもも同様だ。こうして徐々に、オオカミは家畜化されていった、と考えることには、さほど無理はないだろうと思う。

問題は、大人であるにもかかわらず人間になつくようなオオカミがはたして存在したのか、というところだろう。

何だかとても調子のいい話ではあるのだが、それはやはり「いたのだろう」ということになる。これまでオオカミの飼育が成功していないという事実と矛盾する、と指

摘されるだろうか。

　しかし、これまで試みられてきたオオカミの飼育は、人がオオカミを連れてきてのものだった。仮にオオカミの中で人間を怖がらずになつくような個体が100頭に1頭であるとすると、人間がその1頭を見つけ出すのは至難の業だ。連れてきても連れてきても、それは圧倒的多数の「人になつかないオオカミ」だろう。したがって、やってもやってもうまくいかない。何度も何度も失敗を繰り返して、結局オオカミは飼えないのだ、という結論になる。

　しかし、その100頭に1頭（もしかすると1000頭に1頭かもしれないが）が先方からやってきてくれるなら、話は別だ。人に馴れない99頭（または999頭）は見なくていい、気にしなくていいのである。その、向こうから来てくれた、人に馴れる1頭がいたのではないかと思えるのだ。

　先にオラフ・タルマンらは犬の祖先になったのは現存するタイリクオオカミではなく、すでに絶滅した古代オオカミだと主張していることを紹介した。この古代オオカミは、種としてタイリクオオカミよりは気性が穏やかで、人に馴れやすい性質を持っていたのではないか、と考えている人もいる。

　これは（ご都合主義と言われるかもしれないが）なかなか魅力的な仮説だ。いまのタイリクオオカミがとても人間になつくとは思えなくても、古代オオカミにその余地があれば、「オオカミの方から来てくれた」説の可能性も高くなるだろう。

犬の直接の祖先がタイリクオオカミなのか、あるいは古代オオカミなのかはともかくとして、もし、この想像が当たっていて、オオカミが家畜化できたのは「向こうから来てくれた」からなのであれば、オオカミ（犬）の家畜化が草食動物たちより早かったのも、また納得できる。

一般的な肉食動物を家畜化するのはとても難しく、それよりも草食動物を捕獲し、育てて家畜にする方がずっと簡単だ。しかし、もし「向こうからやってきて、自分から家畜になってくれる」動物がいるのであれば、その方がさらに容易なのだ。もしこの推測が当たっていれば、肉食動物であるオオカミが、草食動物である山羊や羊より早く家畜化できたのは、不思議でも何でもない。より簡単にできることが、より早く起きたという、実にあたりまえな話になるのである。

ギンギツネも犬になる？

とは言ったものの、いくら気性が穏やかで人に馴れそうな個体であるとはいえ、オ

オカミは肉食動物である。ほんとうに家畜にできるものだろうか。

1958年、ロシアの遺伝学者、ドミトリー・ベリャーエフ（Dmitry Belyaev）は、ノボシビルスクにできたばかりの細胞学・遺伝学研究所に旧ソ連各地の毛皮動物飼育場からギンギツネを集めた。ここで彼は、その中から人に従順な個体を選別し、それらを交配する育種実験を行ったのだ。これは13万5000年前から1万5000年前のどこかで起きたこと――人を受け入れ、人に馴れるという個性を持ったオオカミの個体が代を重ねて、やがて犬へと進化（家畜化）していく過程の再現を目論んでのものである。キツネは犬の近縁種だが、これまで家畜化されたことがない動物だ。オオカミで起きたことがはたしてキツネでも起きるものなのか。

ベリャーエフの共同研究者で、ベリャーエフの死後にこのプロジェクトを引き継いだリュドミラ・トルート（Lyudmila Trut）によれば、最初の数年間、大多数のキツネたちは犬とは似ても似つかない存在だったようだ。彼女はキツネたちを「火を吹く竜のようだった」と形容した。

研究所でキツネたちは1頭ずつケージに入れて飼育されていたが、ベリャーエフたちは彼らのケージの扉を開けると棒を差し込み、それに対する反応を観察した。キツネたちの多くは、その棒に対して激しい攻撃を加えた。

「彼らは私の手を食いちぎろうとしていたのだと思う」

とトルートは語っている。

少数ながら反対に棒に怯えてケージの隅に逃避する個体もいた。そしてごく稀に、棒に対して大きな反応を示さず、棒を差し入れてくる人間をじっと見つめ返すだけのキツネを見ることができた。

攻撃を仕掛けてきた個体や怯えて逃げた個体は毛皮動物飼育場に返され、ほとんど反応をしなかったキツネだけが研究所に残された。次の年にはまた各地からキツネたちがノボシビルスクに送り込まれ、同様の観察の末にその多くが送り返されることになった。そして研究所に残ったキツネたちを交配して、人を受け入れる（少なくとも人を攻撃しない）キツネたちの子どもが生まれると、その子どもたちもまた成長過程を観察され、選別された。それをベリャーエフたちは、次の年もまた次の年も、そのまた次の年も、根気よく繰り返したのである。

最初の数世代は、おとなしいキツネでも「人がそばにいることを気にしない」程度だった。とくに愛想がいいわけでもなく、人を歓迎している様子もなかった。表立った変化が出てきたのは4世代目だった。生まれたばかりの子ギツネの中に、人が近づくと尻尾を振るものが出たのだ。さらに6世代目以降になると尻尾を振るだけでなく、

クンクンとないたり人を舐めたりといった、まるで犬のような振る舞いをする個体が出現した。中には名前を呼ぶと顔を上げるものまで現れたという。

ベリャーエフたちはこうしたキツネを「エリート」と呼んだ。6世代目におけるエリートの比率は2%ほどだったが、世代を経るにしたがってその割合は増えていき、2017年には約70%に達している(この実験はなんと60年間にわたって続いているのだ!)。

トルートによれば、キツネは人に首のあたりを掻いてもらったり、人の帰りをドアのところで尻尾を振って出迎えたり、そばにいる人間を守るために不審者に対して吠えかかったりと、まるで犬のような素振りをするようになったという(この「犬のようなキツネ」たちは実際にペットとして販売されているらしい。あたかも「キツネが犬になった」ようである)。

これだけでも驚くべきことだが、変わったのはキツネたちの性格だけではなかった。その外見にも変化が現れたのだ。立っていた耳が垂れ、尻尾が巻き上がり、体毛の色も変化して斑が入るものが出た。やがて変化は骨格にもおよび、四肢や尾、鼻や上あごが小さくなり(鼻先が丸みを帯び)、逆に頭は大きくなった。これは犬や猫、豚などの動物が家畜になった際にも見られた特徴で「家畜化症候群」と呼ばれている。

また繁殖が可能になる時期も野生のキツネより早く、繁殖期も長くなった。さらには一回の出産で産む子の数も平均で１頭多くなった。これらはすべて家畜としては望ましい方向への変化である。

キツネたちにこうした変化が起きることを、ベリャーエフは予測していたという。多くの家畜に見られるこうした形質の変化は、人に従順な個体を選別しての育種がもたらしたものだと、ベリャーエフは考えていたのだ。

ベリャーエフの期待どおりに、こうした変化をキツネたちはわずか数世代のうちにとげてしまった。もちろん、これほど急激な変化が起きたのは、これが集中的効率的な実験であったからだ。ベリャーエフたちの実験が毎年１００頭単位の大量のキツネを集め、厳格な判定と効率的な交配を重ねたためである。あたりまえの話だが、「人を怖れない」「人を受け入れる」個体同士の交配をするのには、そうした性質を持つオスメスが同時に存在しなければならないわけで、そうした状況は自然界ではなかなかないことである。そうしたオスオオカミが出現してもメスがいなければ、生まれてくるのは「従順な父親」と「ふつうの母親」の子どもであって、ロシアのギンギツネほど効率はよくないのだ。

おそらくオオカミが犬になる過程は行ったり来たりで、もっとずっと時間がかかっ

たのだろうが、このギンギツネの実験で見られたのと同様な、あるいはかなり似た状況はあったのだろうと思われる。

実は、ここで忘れてはならないポイントがある。

ベリャーエフやトルートがキツネたちを選別した基準は「人に対して攻撃をしないこと」「人が近くいることを嫌がらないこと」だけだったという点だ。これまでは便宜的に「人に従順」という言葉を使ってきたが、これはこうした意味あいであって、けっして「人の言うことをきくこと（指示にしたがうこと）」ではない。

そしてまた、彼らはキツネたちが人に馴れるための訓練などは、いっさい施していない。彼らがしたのは、生後2か月から2か月半の間だけ、毎日正確に時間を計ってキツネを撫でたことだけだった。それ以外はキツネたちは基本的にケージの中で過ごし、人間との接触は最低限に制限された（そして交配にあたっても、近親交配は慎重に避けられた。近親交配による性格の変化などの要素を極力避けるためである）。

それでもキツネたちは、まるで犬のように振る舞うようになった。

これはどういうことだろうか。

もし、オオカミが犬になった過程がこのギンギツネの実験で見られたものと同じであったなら、という仮定の上での話になるのだが、人間は近づいてくるオオカミに対して、飼い慣らすための努力をそれほどしなくてよかったのではないか、と思われるのだ。

ギンギツネたちがそうであったように、馴れさせるための特別な訓練などしなくても、彼らはごく自然に人に親しみ、心を通わせるようになった可能性がある。もちろん、餌を与えたり、人に怯えるオオカミをなだめて安心させるといったことはしただろうが、人間の方が偉いと教え込んだり、リーダーとしての人間に服従するように働きかける必要が、はたしてあったのかどうか。ましてや殴ったり蹴ったりといった、力で押さえ込むような「しつけ」が意味をなしたのかどうか。

もちろんこれは想像に過ぎないし、あまりにも楽観的というか、希望的観測が過ぎるかもしれないのだが、犬と人間は、もしかするとごく自然に、あたりまえのように一緒に暮らすようになったのかもしれない。

ロシアで家畜になったギンギツネは、これまで自然の状態では家畜にならなかった動物である。自然の状態では、人に近づくことがなかった動物なのだ。しかしそれは特別なことではない。自分より体が大きく、動物たちを狩って暮らす肉食（もする）動物（人間）を怖れ、その怖れから攻撃的に振る舞うのは、むしろ当然のことだ。キツネたちが人間と離れたところで暮らし続けたのはあたりまえで、ほとんどの肉食動

物たちはキツネと同じようにしてきた。

近づいてきたのはオオカミと、家猫の祖先となったネコ科の動物だけだったのだ。

人を怖れながらも、同時に人を受け入れ、人に近づき、人と暮らしはじめるようになった犬の祖先たちは、なんとすごい動物だったのだろうかと思わずにはいられない。

そうした動物が存在し、そして実際に人とともに生きるようになったことは、繰り返すが、奇跡のように感じられるのだ。

Part 5

なぜ人と犬はともに暮らせたのだろう

オオカミが人にもたらす利益

これまで書いてきたような「人を怖れず、人に近づいてくるオオカミが出現し、人間の側もオオカミがそばにいることを面白がったのが、家畜化の第一歩である」という仮説が間違っていないとしても、それだけで人とオオカミとが一緒に暮らすことはできない。

一緒にいるというだけならただの愛玩動物だが、愛玩するだけのために動物を飼うには、飼う人間側に相当に生活の余裕がなければならない。現在の犬はその大多数が愛玩動物といっていいが、そうなったのは人間がひじょうに豊かになったごく最近のことだ。狩猟生活をしていた当時の人間はなおのこと、ただかわいいというだけでコストのかかる肉食動物を飼う余力はなかったはずで、オオカミをそばに置くことによる即物的な利益がなければならなかっただろう。

では、人間にとってオオカミが一緒にいることによる利益はあっただろうか。あった、と考えるのは、とても簡単なことだ。これはもう、あったに違いないのだ。

オオカミが人に与えてくれる利益としてまず考えられるのが、危険を察知して教えてくれること、そして場合によってはその危険を排除してくれること（例えば侵入者を撃退してくれること）、つまり番犬としての役割である。

現代のぼくらが考える番犬よりも、当時の人間たちにとっての番犬は、比較にならないくらい便利で重要だったはずなのだ。

現在、ぼくらは家に鍵をかけて、外敵の侵入を防ぐことができる。しかし当時の人間たちには家（それは洞窟であったり、あるいは野営地のようなものであったかもしれないのだが）に鍵をかけるということが、そもそもできなかっただろう。であれば、彼らはとくに夜の間、肉食動物や、もしかすると同じ時期、同じ地域に暮らしていたと考えられるネアンデルタール人でもいいのだが、外敵の侵入から身を守るために、相当の労力をかけざるを得なかったに違いない。

彼らの集団に人員的な余裕があれば交替で不寝番を置いたかもしれないが、それにしても万が一の場合は、すぐに起きて動かなければならないので、とても熟睡するというわけにはいかなかっただろう。言ってみれば慢性的な、緩やかな寝不足状態にあったわけで、これが昼間のパフォーマンスに影響することに、まず疑いはない。

もしこの不寝番をオオカミが担ってくれるなら、人間にとっては大きな利益になったはずだ。しかもオオカミはこれを「人の代わりに」やってくれるのではない。「人

以上に上手に、人よりはるかに見事に」やってくれるのである。侵入者の足音を聞き取る聴覚も、侵入者が醸す匂いを嗅ぎ分ける嗅覚も、暗闇を見通す視覚もすべて、オオカミは人間よりも優れているからだ。

おそらく当時の人類は、現在のぼくらに比べればはるかにこうした能力は高かっただろうと思われる。ぼくらは文明と引き替えに、それらを失ってしまっているだろうからだ。しかしそれでも、オオカミの持つ高度な感覚には及ばなかっただろう。それを自分たちのために、使わせてもらえるのである。

もちろんオオカミは夜の睡眠が浅い分、昼のあいだ眠っていることもあるだろうが、それはまったく問題がない。というより、野生動物はおおむね、夜もそんなに熟睡するわけではない。もともと哺乳類は夜行性だったが、その名残だろうか、夜も活発に行動する動物は多い。肉食動物は夜も狩りに出るし、草食動物も餌を求めて移動する。

またしても馬の話で恐縮だが、いま競走馬の牧場では夜間放牧といって、夜になると馬たちを放牧場に放すやり方が主流だ。夏など夜の方が涼しくて過ごしやすいということもあるが、夜に放牧した方が運動量が増えるのだ。朝になると収牧して1頭ずつの馬房に入れ、昼間はゆっくり馬房で休ませる。そして夕方になるとまた放牧場に出す、というやり方である。

そもそも霊長類以外の哺乳類は夜目（よめ）が利くので、人間ほどには昼夜の区別がないとも言える。彼らは昼と夜とを問わず、近くを獲物が通らないか、敵がやってこないかと、常に周囲に注意を払っているのだ。犬を飼っている人は、昼寝をしているように見えた犬が、ちょっとした物音が聞こえたり、あるいは背中をちょっと突いただけで、さっと顔を上げて動き出すところをよく見ることだろう。

その習性と鋭敏な感覚が、人に「夜の安息」という利益をもたらしてくれるのだ。

人とオオカミが組んだ最強のタッグ

しかし、それより何より、オオカミが人に与えてくれた最高の恩恵は、狩りを共同で行うことによるものだ。

捕食者としての人間の大きな弱点は、身体能力の低さである。人間が獲物として狙う動物の多くは、人間より速く、そして人間より長く走ることができる。ということはつまり、獲物に逃げられたら、人は追いつけない。これは困ったことである。

そこで人間は槍や石を投げたり、梃子（てこ）の原理を利用してさらに遠くに投げられるようにした投槍器（とうそうき）や威力の強い投石器を考え出したり、あるいは獲物を追い込んで高い

ところから落とす、逆に高いところから石を投げ落とすなど、獲物から離れていても仕留められるような狩りを工夫してきた。とはいえ、いくら投槍器や投石器が遠くまで投げられるといってもそこには限度があって、獲物の動物を自由に逃げさせていたら、なかなか捕まえられるものではない。できることなら獲物を仕留められる位置に追い込んで、確実に捕らえたいのだ。

そこで人間は複数でチームを組み、力をあわせて囲い込むように獲物を追い込むのだが、それもなかなか容易ではない。獲物の足が速かったり、あるいは体が大きかったり、力が強かったりと、単純な身体能力では人間を上回るものが多いからだ。

この人間があまり得意でない仕事をやってくれる、しかもとても上手にやってくれる存在こそ、オオカミなのだ。

オオカミは人よりも速く、長く走ることができる。当然のことながら獲物に向かっていく勇敢さがあり、声や表情で獲物を威嚇して、追いつめることができる。また、肉食動物として同じ動物を狩ってきているから、例えばこの動物は逃げながらどういった動きをすることが多いかといった知識もあるかもしれない。それは獲物を追いつめるのに有利に働くだろう。

そして、ここで重要なのは、何人（何頭）かが協力しながら、ターゲットを追いつめていくという狩りの方法は、オオカミという動物自身が採用している方法と基本的に同じであるという点だ。つまり、オオカミは人と力をあわせて狩りをするときでも、オオカミの仲間としていたのとほとんど同じやり方をすればよい、ということである。これは単独で狩りをするトラやヒョウなどと決定的に違うところで、もしトラやヒョウが人と共同で狩りをするとしたら（そんなことがあるとはちょっと思えないが）、そもそもやり方がわからないだろう。

おそらく人・オオカミチームの狩りは、オオカミが獲物を追いつめたところを人が止(とど)めを刺すことになるだろう。人に足りない身体能力が必要な部分をオオカミが補い、最終的には人間が作り出した槍なり棍棒なり石斧なりといった道具を使って、確実に仕留めるという寸法だ。お互いの長所を生かした見事な狩りである。

オオカミがチームに参加することで、狩りの効率は格段に向上することだろう。しかしこれを「オオカミが人の狩りを手伝った」と捉えることは、やはり一面的である。これは一方で「オオカミの狩りを人が手伝った」ことでもあるからだ。人と一緒に狩りをすることは、オオカミにとっても大きな利益になるのである。

オオカミにとって、狩りでいちばん危険なのは、獲物に止めを刺す瞬間だ。オオカミが獲物に止めを刺す手段は彼の牙（犬歯）しかないから、獲物に直接接触するしか

ない。相手の喉元に歯を立てて、息の根を止めるのだ。だが、獲物はオオカミに捕まったからといって、おとなしく食べられてくれるわけではない。まず間違いなく、反撃する。たとえそれが絶望的なものであったとしても、だ。

獲物が肉食動物であった場合（肉食動物が肉食動物を狩るのは、とくにめずらしいことではない）、獲物はハンターであるオオカミと同じように、鋭い牙を持っている。草食動物であっても、鹿の仲間やサイには角があるし、ゾウにも長い牙がある。鼻だって充分武器になる。馬や牛は、蹴られたらただではすまない力強い後脚と硬い蹄を持っている。オオカミが獲物に止めを刺そうとするとき、彼はそうした危険と向きあわなければならないのだ。そして場合によっては獲物を逃がしてしまうだけでなく、彼自身が傷を負ってしまうこともある。

人間と一緒に狩りをすれば、このいちばん危険なところを、獲物から離れていても止めを刺す道具と技術を持った人間が、代わりにやってくれるのである。オオカミにとって、こんなにありがたいことはないだろう。オオカミにとってみれば「人間が手伝ってくれた」以外の何物でもないかもしれない。

オオカミにとって、人間の食事の残り物をもらうより狩りに参加した方が、新鮮な肉を、しかも大量に食べることができる。その狩りはオオカミの仲間うちでやっていたものとよく似ていて、難しいものではない。そしていちばんの問題であるところの止めを刺すときの危険はしっかり回避できる。オオカミだけで狩りをするときよりも、より少ない労力で、安全に、効率的に狩りができる。食料を安定して確保できるのだ。

人と一緒に暮らすことは、オオカミにとってもたいへんに大きな利益になるのである。

人とオオカミの特別な関係

人と暮らすことがその動物自身の利益になっているという点で、オオカミ（犬）とそれ以外の主な家畜動物とは決定的に違っている（ほぼ唯一、犬と同じなのが猫だが、猫は猫で犬と比較すると「人に与える利益」が圧倒的に違っていて、それはそれでとても面白いのだが、これはまったく別の話になるのでここでは深追いしないでおく）。

犬以外の家畜動物、羊や山羊や馬や牛は人間に対して多大な利益を与えてくれているが、人間は彼らにほとんど利益を与えていない。食事は基本的に自然に生えている草を食べているので、人間が与えているとは言いにくい。配合飼料など高栄養価の食物を与えることもあるが、これはどちらかと言うと（というより、はっきりと）短期

間に肉や卵などの製品を得るための、人間側の都合だ。人間が彼らに与えている利益といえばせいぜいが外敵からの保護くらいのものだが、人間自身がいずれ彼らを食べてしまったりするわけで、むしろ人間こそが外敵とも言えるのだ。言ってみれば、人間はひじょうに質が悪い存在なのである。

まあ、それはともかく、人間は彼らに何も与えず、彼らからもらいっぱなしなのである。

これは生物学でいうところの片利共生（偏利共生とも書く）の一種、もしくは変形と考えることができる。

二種類以上の生物が相互関係を持ちながら一緒に生活することを共生といい、この共生の例としてよく知られているものに、映画『ファインディング・ニモ』でおなじみのクマノミとイソギンチャクの関係がある。クマノミはイソギンチャクの中に身を隠して外敵から身を守るが、彼らはその一生のほとんどをイソギンチャクとともに暮らしている。クマノミにとってイソギンチャクはなくてはならない存在なのだ。

この共生のうち、一方の種は共生による利益を得るが、もう一方は利害が発生しないという関係が片利共生だ。この片利共生の例として、カクレウオとナマコの関係をあげることができる。

カクレウオというのは体長20センチほどの細長い魚だが、なんとこの魚、ナマコの腸内に入りこむのだ。なぜナマコの腸内にいるかといえば、まずその名のとおり外敵から隠れていると考えられる。昼間はナマコの中に隠れていて、夜になると外に出て小さな甲殻類などを食べるのだが、食べ物が少なかったときなどは、ナマコの腸内にある残存物を食べているようだ。カクレウオはナマコから利益を受けているわけだ。

しかし一方のナマコは、カクレウオがいようがいまいが、基本的には関係がない。利益にもならないかわりに害もないのだ（ただカクレウオの中にはナマコの内臓を食べてしまう種類もいるそうで、そうなると明らかに害ではあるのだが、一般的には「毒にも薬にもならない」存在だ）。

先にあげたクマノミとイソギンチャクの関係も、クマノミは明らかに利益を得ているが、イソギンチャクはこれといって利益を得ていないように見えるため、片利共生と考えられている（しかし、イソギンチャクからクマノミを取り除いたら、そのイソギンチャクは死んでしまったという例が報告されていて、イソギンチャクが何らかの利益を得ている可能性は否定できない）。

人と家畜との間の片利共生を、牛を例に整理してみよう。

人は牛から乳や肉などの製品、それに畑で犂（すき）を曳いたりする労働力をもらっている。

利益を得ているのだ。一方、牛はとくに人間に何をしてもらっているわけでもない。餌だって農耕用に飼われている牛であれば畑の周りに生えている草を食べればいいし、乳牛や肉牛も牧場の放牧場や山の中に放牧されて、好きなように食べているだけだ。肉牛の場合は、太らせたりサシを入れたりするための本格的な肥育が始まると、牛舎の中で飼料を与えられることになるが、これだって牛にしてみれば生きていく上で必要というものではない。彼らにとってはそのへんの草を好きに食べさせてもらえていれば充分なのだ。

肉牛はいずれ食肉として加工されてしまうので、それが害と言えば言えるのだろうが、少なくとも生きている間については、人間からは何かしてもらっているわけではない。利益も不利益も被っていない、片利共生の関係である。

対して我らがオオカミはといえば、すでに書いたように、人もオオカミもともに大きな利益を得ることになっている。これを相利共生（そうりきょうせい）という。

相利共生の例として、アリとアリマキ（アブラムシ）の関係を紹介しておこう。アリマキは植物の師管液と呼ばれる液を吸って生きているが、その一部を尻から分泌する。その「甘い汁」をいただくのがアリだ。その代わりにアリはアリマキを外敵から保護するのである。

驚くことにある種のアリは、アリマキを自分の巣の中で飼育するのだという。相利共生が共生している動物間にひじょうに強い関係を作り出す好例だが、人間とオオカミとの間にも、ほかの動物との間には見られない強い絆が作られることになったのは、まず疑いがないだろう。

羊や山羊や牛や馬は、彼らの飼育場所に設けた柵を取り払い、繋ぎ止めている綱をほどけば、どこかに行ってしまうに違いない。彼らにとって人間と一緒にいることに、さほどの意味はなく、人間から離れたところで不都合はないからだ。

しかしオオカミの場合、彼らが自発的に離れていってしまうことはないだろう（一緒に暮らしている人間が嫌なやつだとか、働きのわりに獲物の分け前が少ないなどといった待遇面での不満がない限り、だが）。もしかすると、彼らが逃げてしまわないよう繋ぎ止めておく綱すら、必要なかったのかもしれないのだ（むしろ、オオカミを繋ぎ止めておく必要があるとすれば、それはほかの人間の群れにオオカミが盗まれないようにするためだったかもしれない）。

人とオオカミの決定的な共通点

狩りのしかたが似ていたことが、人とオオカミが狩りを共同で行うことができた大きな理由のひとつだが、両者にはもうひとつ、ひじょうに似ていた点がある。そして、そのもうひとつの共通点こそが、人とオオカミがともに暮らすことができた最大の理由だろうと、ぼくは考えている。

それはほかでもない、群れのあり方である。

すでに書いたように、オオカミの群れは、一夫一婦制による家族で構成されている。父親と母親、そしてその子どもたちだ。子どもは自身が繁殖可能な年齢になるまで群れに残り、自分よりあとに生まれた弟妹たちの世話を、両親を助けながら行う。そして繁殖年齢になれば自ら群れを出るか、あるいは両親によって群れを追い出されることになる。群れの中には自分自身の血縁者しかいないため、群れにいる限り次の世代を生むことができないからだ。

これはぼくたち人間の社会、その最小単位である家族のあり方ととてもよく似ている。というより、ほぼ同じである。そしてその群れの中には、強権的な序列関係はない。あるのは両親を中心とした、きわめて平和的な、家族としての秩序である。これも人間とオオカミとに共通した特徴だ。

そしてこのことが、人にとってもオオカミにとっても、一緒に暮らすことの違和感を最小限にしたのではないか。スムーズな共同生活、共生関係を作れた原因だったのではないか、と思うのだ。

オオカミが近くにやってきたとき、そしてやってきたオオカミは同じ獲物を争うライバルとは違う、むしろ友好的な存在だとわかったとき、ぼくらの祖先たちはどんな態度で彼らに接したのだろうか。

これはもうまったくの想像なのだが、おそらくは（突然オオカミが襲いかかってくることはないかとか、いろいろな意味で警戒はしながらも）人間の仲間、あるいは家族に対するのと同じように振る舞ったのではないかと思う。大人は子どもたちに接するように、子どもたちは自分の兄弟に接するように、だ。なぜなら、ぼくらの祖先はそれしか知らなかったからだ。

自分たちが獲物にしていた動物たちの群れはどんな構成から成り立っていて、そこにはどんなルールが存在するか、動物たちの行動を規定しているものは何かなどということは、知るよしもないのだ。それはオオカミに対しても同じことで、オオカミと

うまくつきあうためには、自分がオオカミのリーダーにならなければならない、なんてことを考えることはなかっただろう。ぼくらの祖先たちには、人間同士がしているのと同じように接することと以外、考えることもできなかったはずだ。

そこで、もしオオカミが群れを作らず単独で行動する動物だったり、あるいは種としては人間に近いチンパンジーのように、複数のオスと複数のメスによって構成され、その中での序列が重要視されるような群れを作る動物であったら、人との関係はひじょうにちぐはぐなものになるだろう。

前者であれば、まず共同で狩りをしようとは思わないし、そもそも近くに寄ってこない。そして後者であれば、人と共同で作業をする前に自分がアルファ個体となるための順位づけ闘争をすることになってしまう。いずれにしても、うまくいかないだろうことは、容易に想像できるのだ。

ぼくらの祖先たちは、近くにやってきたオオカミに対して、自分の家族や仲間たちに対するように接しただろう。あるときは守り、あるときは褒め、あるときは感謝して、あるときは叱る。大きな獲物を仕留めたときは一緒に喜んでたくさん食べ、食べ物のないときは慰めあったに違いない。

そうした関係をオオカミが受け入れられたのは、もともとオオカミが群れの中で同じような関係を作っていたからなのではないか。もっとも基本的と考えられる、群れの中における個体同士の関係性が、人とオオカミとでは相当程度共通していた。こちらがこうした行動を取ると相手はそれをどう受け取るか、そして相手の行動をどう理解すればいいのかといったことが、共通していたのだろう。

だからこそ、人間もまたオオカミの振る舞いを受け入れられた。オオカミの振る舞いも、人間にとってごく自然なものだったからではないかと思えるのだ。

ぼくらは正解を知っていた？

そう考えると、先にぼくが提起した「なぜ犬は（犬だけが）素人でもしつけることができるのか」という疑問にも、ひとつの答えが出るように思える。

サーカスの動物たち、ライオンやトラやゾウ、あるいは熊といった動物たちにしても、猿回しの猿や鵜飼いの鵜にしても、水族館で楽しいショーを見せてくれるイルカやアシカにしても、人間とはまったく違う行動様式を取る。群れを作るものもいれば、作らないものもいる。群れを作るものでもその形態はさまざまで、自分以外の個体に対する振る舞いも千差万別だ。彼らに対して、人間にするのと同じように接しても、

彼らにはほとんど理解することができないだろう。そして同時に、彼らの行動をぼくら人間も理解することができない。

だから彼らをしつけ、訓練するトレーナーには、その動物に対する深い知識と特別な技術が必要になる。それはとても素人にできることではないのだ。

ところが犬は違う。オオカミが人と暮らせるようになった理由が、ぼくが考えているように「ともに一夫一婦制の家族関係を基本にした動物であるから」だとするなら、オオカミが犬になった過程においても、このところは変化していないはずである（ここが変化してしまったら、人と犬は一緒に暮らせていない）。とするなら、現在の犬たちも、この性質は受け継いでいると考えていい。

つまり、犬の場合、かつてぼくらの祖先がオオカミに対してしたように、人が人として自然に振る舞っても、もっとも基本的な他者との関係性に共通点があるために、けっこう通じてしまうのだ。だからとくに犬に対する専門知識がない、特別に訓練を受けていない素人でも、そこそこできてしまう。素人でも、しつけることができるのは、そのためなのではないかと思えるのだ。

ぼくのこうした想像はあながち的外れではないだろうと、現在の犬好きたちを見ていても思える。

彼らは犬のことを「この子」と呼ぶ。「この子は何歳ですか?」と聞いたりするのだ。自分の飼い犬は「うちの子」で、飼い主である自分たちは「パパ(お父さん)」「ママ(お母さん)」である。犬に対して「お父さんと散歩に行こう」などと言うのである。

人間のママ友たちの間ではお互いに子どもの名前に「ママ」をつけて(アキヒトくんのお母さんは「アキヒトママ」だ)呼びあうそうだが、犬好き同士でも同じように犬の名前に「パパ」「ママ」をつけたりする。「コテツパパ」とか言うわけである。

こういう呼び方はまあ、率直に言ってちょっと恥ずかしいことではあるのだが(だからぼくはコテツのことを「この子」とは呼ばず「この人」なんて言うのだが、考えてみるとこれも相当にいやらしい言い方である)、犬好きたちはごく自然に、犬たちを家族として規定しているのだ。

彼ら(ぼくら)が犬たちを家族として扱っているのは、単に「一緒に暮らしている」とか「大事な存在であることを表現している」というだけではないのではないか。ぼくらは知らず知らずのうちに、人と犬との関係のあり方の大正解を選んでいるのではないか。人と犬がともに生活するためには、家族として振る舞うのがいちばんうまくいくことを、人間は1万数千年の歴史から学び、現在を生きるぼくらはそれをあらかじめ知っているのではないか、なんて思ってしまうのだ。

「犬にとってのリーダーになれ」とドッグ・トレーナーの人たちはよく言うのだが、どうだろう。「犬にとってのリーダー」がどんなものかはっきり言えるほど、ぼくらは犬のことを知っているのだろうか。そんなどうにも曖昧で、あやふやなものになろうと努力する必要が、果たしてあるのだろうか。

それよりもごくふつうに「よい家族」になろうとする方がいいような気がするのだが、どうだろう。

キーワードは「ネオテニー」

人とオオカミが暮らせるようになった原因(の少なくともひとつ)は、ここまで述べてきた社会構成の類似にあるとぼくは考えているが、これだけですべてが説明できるわけではないこともわかっている。

ともに暮らすようになった前段階として「なぜオオカミの中に、人に興味を持ち、人を受け入れる個体が出てきたのか」、そして「なぜ人間はオオカミを受け入れたのか」という問題があるからだ。

これを考えるときに、とても興味深い生物学上の問題がある。それがネオテニーだ。ネオテニーとは、日本語では「幼形成熟」とか「幼態成熟」といわれるもので、性的には完全に成熟した個体であるにもかかわらず、生殖器官以外の部分に幼体（子ども）特有の性質が残る現象をいう。つまり子どものころの（通常の成長過程を経た場合は失われてしまう）性質を失わないまま、大人になるということだ。

わかるようでよくわからない、でもなんだかわかるような気もする言葉なのだが、このネオテニーの代表的な存在がアホロートルだ。この動物は日本では、とくにある年代以上の人にとっては「ウーパールーパー」として知られる。１９８５年にある食品メーカーのテレビＣＦに登場し、その姿がかわいいと大ブームになったが（そのブームが去ってしばらくして「ウーパールーパー」という名前が実は広告代理店による命名であって、ほんとうは「アホロートル」というのだと知られると、またその名前のユニークさのために人気になった）、これがトラフサンショウウオ科の両生類のネオテニー個体なのだ。

両生類は卵から幼体（オタマジャクシ）、そして成体へと変態する。幼体にはまだ手足はなく、呼吸はエラ呼吸だ。生活の場所は水中である。これが成体になると手足が生えて、呼吸は肺呼吸になり、陸上でも生きられるようになる。これが通常の成長

過程だ。

ところがアホロートルでは、成体になるときに手足は生えるのだが、呼吸が肺呼吸に切り替わらない。エラ呼吸のままなのだ。そのために陸上に上がることができず、一生を水の中で過ごすことになるのだが、生殖器はちゃんと発達して、性的には成熟する。これがネオテニーである。

ネオテニーにおいては、幼体の性質が残るのは機能的なことだけではなくて、姿形にも幼体の持つ雰囲気、子供っぽさが残ることが多い。アホロートルが大人気になったのも、この見た目のかわいさゆえだ。しかもさらに、見た目だけにもとどまらず、行動様式や性格まで、幼体の特徴を残すとも考えられているのだ。

このネオテニーがなぜ、人とオオカミが暮らすことに関係してくるのか。

実は、犬という動物がオオカミのネオテニーである、という仮説があるのだ。なるほど、わかりやすいところで見た目をとってもみても、なかなか説得力のある説である。現在残っている犬種の中で、オオカミにもっとも近い、オオカミ的な要素を色濃く残しているのは日本犬だと言われているが、その日本犬、例えば秋田犬や柴犬の姿形は、オオカミを子どもっぽくした感じに見える。

これがパピヨンだのポメラニアンだのチワワだのになると、もう成犬であっても子犬にしか見えないほどである。

もちろん、子どもらしいのは、見た目だけではない。

そういえば、野生のオオカミも子ども時代に限れば、人によく馴れて飼育が可能であるとされている。しかし、大人になるとその性質が消えて、人間にはとても手に負えない獣になるのだ。

子どもというのは一般に、好奇心が強く、しかし警戒心は弱く、怖れを知らない。しかもその精神は柔軟性に富んでいて、環境の変化に対応する力を持っている。

もし、オオカミが人に近づいてきたのであれば、それはまさにそういった個体だったのではないかと思われるのだ。

オオカミの中に、あるときネオテニー個体が生まれた。彼は人を怖れず、人に興味を持ち、人に馴れるという幼体の特徴を持ったまま大人になったが、あるとき人の集落を見つけて人に近づいてきた。そして、すでに書いてきたような経緯を経て、人間のそばで暮らすことになったと考えるのは、必ずしも荒唐無稽とは言えないのではないか。むしろ充分に可能なのではないかと思えるのだ。

そして（ありがたいことに）、この考え方を補強してくれるような見解も、いくつかあるのだ。

まずネオテニー個体が生まれるためには、遺伝子そのものが（塩基配列そのものが）突然変異するような大きな変化は必要ないのだという。ある遺伝子が発現するタイミングが遅れるだけでも、ネオテニーは生まれると考えられるというのである。もちろん、そうはいっても遺伝子発現のタイミングがずれることがそうそう起きるわけではないのだろうが、それでも大きな遺伝子の変異を要するよりは実現のハードルは低い。「起きても不思議ではない」とは言えるだろう。

そしてもうひとつ、ネオテニーは進化の過程に重要な役割を果たすという考え方があるのだ。

ネオテニーとはある意味で「子どもである期間が長くなる」ことでもある。そのために、脳や体の発達スピードも遅くなる。そして、体が発達するということは、体の各器官が専用の役割に特化していくことでもあるから、ネオテニーの体では各器官の特殊化も遅れることになる。

特殊化が遅れること、つまり特殊化されないままの状態でいるということは、もし自身を取り巻く環境に変化があった場合、その変化に柔軟に対応できることを意味するのだ。特殊化が完了して、しかもそれが環境の変化に対応できないものだったら、最悪の場合、その個体は生き延びることができないだろう。しかし、特殊化が遅れたおかげで、体の方を環境にあわせて変化させることができる、環境に適応できるというわけである。

いくら群れの構成が同じで、狩りのしかたも似ているとはいっても、オオカミの群れから離れて人間と暮らしはじめたオオカミを取り巻く環境は、大きく変わったはずである。その変化に対応できたのもまた、人と暮らしはじめたオオカミがネオテニーであったからだとは考えられないだろうか。

そして、そのネオテニーオオカミが、やがて犬になったのではないかと思うのである。

飼い主の喜びが犬の喜びになる理由

犬がオオカミのネオテニーであり、子どもの性格を持ったまま大人になった動物だとするなら、よく言われる「犬は飼い主が喜んでいることに喜びを感じる」のもまた、わかるように思うのだ。

人間の子どもは、やたらと人にものをあげたがる存在である。まったく見知らぬ大人に対しても、トコトコと近寄ってきては「はい、これあげる」と、いろいろなものを手渡してくれる。それはほんとうに価値のありそうなものであったり、そのへんに落ちていた葉っぱや枯れ枝であったりするのだが、それをぼくたち大人が「はい、ありがとうね」と受け取ると、とても嬉しそうにするのである。

他者に喜んでもらえたということが、彼らの喜びになっているのだ。

この性質を、ネオテニーである犬も持っているのではないだろうか。自分以外の存在、他者に喜んでもらうことが、自分の喜びになるのである。そして、犬たちにとってはもっとも身近な他者とは人間たちであり、中でも(ほかでもない)飼い主なのだ。

まあ、これを言ってしまうと犬たちが喜んでほしいと思っているのは、とくに飼い主に限定されているわけではなくて、自分以外の存在なら誰でもいいことになる。ただ、たまたま飼い主がそばにいることが多いだけ、ということになってしまうので、飼い主にとってはあまり嬉しい話ではないのかもしれないが。

飼い主の喜びが犬の喜びになるというのは、かなり不思議な(犬にまつわる不思議ランキングを作ったら、かなり上位にランクするあろう)話ではあるのだが、犬をネオテニーと考えれば、ひとつの解釈として成り立つだろうと思う。

そして、この「ネオテニー」をキーワードにすると、もうひとつ人間と犬の共通点が見えてくる。

人間はチンパンジーのネオテニーである、という考え方があるのだ。

これは、1920年代にオランダの動物学者であるルイス・ボルク（Louis Bolk）が提唱した仮説だ。もう100年も前のことというのが驚きだが、ボルクは人間とチンパンジーなど類人猿との間で形態比較を行った。その結論は、人間の成体（大人）は類人猿の成体よりも類人猿の胎児に近いというものだった。つまり人間は、チンパンジーの大人より胎児や子どもに近く、幼児のような形態を保ったまま性的に成熟する進化が起きたのだろうというのだ。

言われてみれば、人間はチンパンジーよりも体毛が少なく、顔も扁平で、大人チンパンジーよりはチンパンジーの赤ん坊に似ていそうである。そして何より、人間の子どもが持っている「他人に喜んでもらえることが嬉しい」という気持ちを、ぼくら大人も（程度の差こそあれ）失ってはいない。

大人の中にもやたらと人にものをあげたがる人はいるし、飲食店やサービス業の人たちは「お客さんに喜んでもらえるのがいちばん嬉しい」という。ぼくにしても、書いたものを読んでくれた人から「面白かった」と言われるのが何よりの喜びだ。やはりぼくら人間の成体の中にも子ども特有の性格がそのまま残っているのである（最近はSNSの影響で、これを「承認欲求が満たされたことによる喜び」と、まるで何と

かのひとつ覚えのように言う人が増えているが、その解釈は一部は正しいにしても、あまりにも浅薄であるだろう）。

人間がチンパンジーのネオテニーだという考え方も、ひじょうに興味深いものだと言える。

犬はオオカミのネオテニーであり、人はチンパンジーのネオテニーである。なんと、ぼくら人間と犬は、双方がネオテニー同士であるという、とてもめずらしい関係にあるのかもしれないのだ。

たぶんそうなのではないか、そうであったらいいな、面白いな、とぼくは考えている。

ぼくら人間はネオテニーだから、犬という動物に好奇心を抱き、犬のやることを興味津々で眺め、犬が喜んでいる姿を見て、自分も喜びを感じる。犬もまたネオテニーであるために、人といることを喜び、人に与えることを喜び、人が喜んでいる姿を喜んでくれる。

ぼくらは、お互いが喜んでいる姿を見て喜びあえるという、ひじょうに希有な関係の中にいるようなのだ。

Part 6

ともに暮らして感じる犬の不思議

犬にはまったく別の世界が見えている

いくら人と犬が似たもの同士で、一緒に暮らすのに適した動物だったとしても、やはり忘れてはいけないのは、ぼくらはまったく別の動物だということだ。犬たちがとても身近な存在で、また一緒にいるのがひじょうに心地よいために、ぼくらはこのことをついつい忘れてしまいがちなのだ。

まさにその「別の動物であることを忘れてしまっている」ための誤解や行き違いは、おそらくぼくらが思っている以上に頻繁に起きているのだろう。すでに書いたように、ぼくは犬を飼うときには「犬のリーダーになる」よりも「いい家族であろうとする」方がいいと考えているが、といって人間の家族に接するのと同じように振る舞うのも、やはりまずいのだ。

犬が人間とは違うのだということを、ぼくらは常に意識する必要があるだろう。その上で、人に対するのとは違う、犬に対するにふさわしい振る舞いをしなければならない。いわゆる犬の問題行動というのは、この「人と犬は違っている」ことをぼくらが忘れていることに起因するものが実は多いのではないかという気もするのである。

ぼくも人と犬の違いを知らなかったために、コテツに申し訳ないことをしたことがある。という書き方をすると、まるでそれが一回だけのような感じだが、もちろんそんなことはなくて、何度も何度も繰り返しているはずなのだが、中でもよく覚えているのは「たまごちゃん」というおもちゃで遊んでいたときのことだ。

この「たまごちゃん」というのは卵形をしたゴム製のおもちゃで、コテツはこれをガジガジ齧（かじ）ったりして遊んでいるのだが、これを人間が投げてコテツがそれを取ってくるという定番の遊びもよくやっていた。

たまごちゃんを咥（くわ）えて戻ってきたコテツから、次に投げるためにたまごちゃんを取り返そうとすると、コテツは「ウ〜」と低く唸って、取り返させまいとする。もちろんそれは本気ではなくて、取り返させないと次に投げてもらえないのがわかっているから、何度か「あげないよ」というお約束の素振りをしたあとに呆気（あっけ）なく口から離して、今度はこちらが投げる前から走り出したりする。このあたりは、まるで新喜劇のような様式美だ。

そんな大好きな遊びを狭い家の中ばかりでやっているのはもったいないと、外に遊びに出たときにもやってみたのだ（コテツは長さ10メートルのロングリードを持っているので、広い場所に行けば半径10メートルの範囲は自由に走り回れるのだ）。

芝生の公園に行ってたまごちゃんを投げると、コテツはいつもより（狭い場所でやっているときより）元気に飛び出していく。いいぞいいぞと思っていると、しかしコテツはたまごちゃんが落ちたあたりで急速に興味を失ったようになり、しばらく歩き回ったあと、たまごちゃんを拾わずに戻ってきた。しかたがないのでぼくがたまごちゃんを拾いに行って、再度挑戦してみるのだが、何度やっても同じことなのだ。

せっかく広いところに来てやっているのになあ、とこちらはちょっと不満になるのだが、コテツが取った行動の理由がわかったのは、犬の視覚について書かれた本を読んだときだった。

犬には、この世界がぼくたちと同じようには見えていないのだ。

哺乳動物の眼の網膜には、2種類の視細胞、光を感じる細胞がある。ひとつは暗い中でも物の動きを感知できる桿体（かんたい）細胞で、もうひとつは色の波長を感知する錐体（すいたい）細胞だ。このうち色を感じる錐体細胞を、ぼくら人間は青型、緑型、赤型の3種類持っている。いわゆる光の三原色をこれらの細胞で感知して、この世界の色を見ているわけである。

ところが犬は錐体細胞の割合が人よりも少なく、さらにその種類もふたつしかない。そのため犬の色覚はひじょうに限られていて、カリフォルニア大学が行った実験によれば、人に赤く見えているものは「暗いグレー」に、青と紫が「青っぽい色」に見えていると考えられる。そしてその中間色である緑、黄、オレンジなどは見分けがつかないのだという。

さてそこで、コテツのたまごちゃんである。コテツが遊んでいたたまごちゃんは、オレンジ色だった。オレンジ色のたまごちゃんは、芝生の緑の上で、見分けがつかなかったのだ。コテツはたまごちゃんを持ってくる遊びをやめたわけではなく、たまごちゃんがどこにあるかわからず、しかたなくぼくのところに戻ってきていたのである。コテツがたまごちゃんを咥えてこないからこちらも面白くなかったが、コテツにとっては取ってくるべきものが突然消えてしまうという、面白くない上に不安にかられるような事態だったわけで、かわいそうなことをしたと反省したものだ。

しかしぼくとコテツの場合は「なんだ、遊ばないのか」で終わりだったからいいようなものの、もしぼくが「なぜ言うことをきかない、どうして指示どおりに持ってこない」と言って、コテツを責めていたらどうだっただろうと思う。

コテツにしてみれば、指示どおりに持っていこうにも、それができないのであって、まったく不条理極まりない叱責である。もし「指示にしたがわなかった罰だ」とか言って殴られたりした日には、ぼくに対する不信感でいっぱいになることだろう。

犬にやらせようとしてできなかったこと、表面的に指示にしたがわないように見えることがあったときには、まずそれを責めるより先に、ぼくら人間にはあたりまえにできることでも、まったく違う動物である犬にはできない理由があるのではないかと考えることが必要だろう。

世界の違いは「色」だけではない

しかし、である。コテツは家の中でのたまごちゃん遊びはふつうにできていたし、芝生の上でもたまごちゃんが落ちたところまでは追跡できていたのである。なぜだろうか。

それはおそらく、たまごちゃんが「動いていた」からだ。

肉食動物であるオオカミは、動く獲物を追ってきた。そのため動くものを識別する能力、いわゆる動体視力が発達した。犬は人と暮らすことによって雑食化し、自分が食べるために獲物を狩る機会は減ったが、猟犬や牧羊犬などは「動くものを追う」能力を生かした仕事をしているので、この特徴は受け継いでいると考えていい。この優れた動体視力のために、犬の目にはテレビ映像などはコマ送りに見えているだろうと考えられている。

コテツもこの「動いているものを認識する能力」のために、空中を飛んでいるたまごちゃんや、地面を転がっているたまごちゃんは判別できたのだろう。だから、すぐにたまごちゃんに追いつく（止まってしまう前に追いつく）家の中では咥えて戻ることができたし、芝生の上でも動いているうちは認識できていた。止まってしまったから、わからなくなったのだ。

人と犬の「見え方の違い」はまだほかにもある。

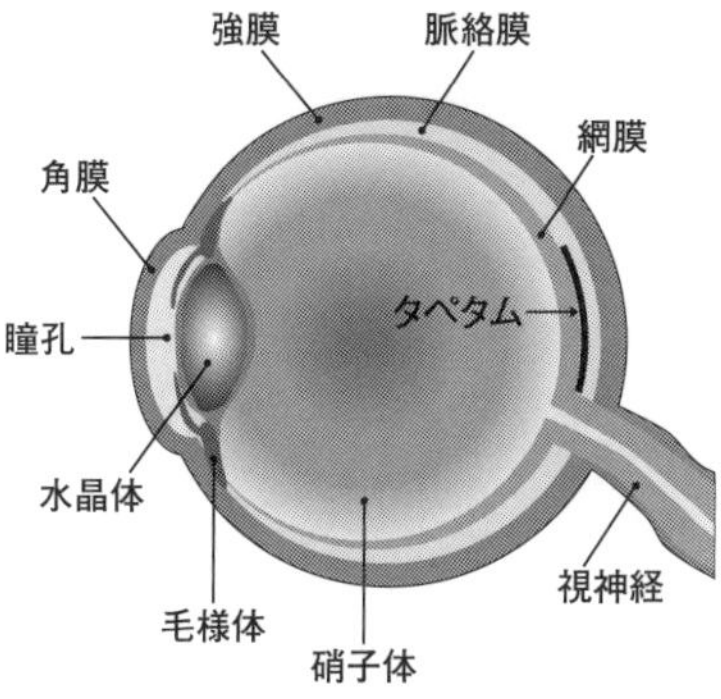

【図6–1】犬の眼の構造

先ほど、犬の視細胞には暗い中でも物の動きを感知できる桿体細胞が多いと書いたが、犬は夜目が利く理由のひとつがこれだ。夜中にコテツがトイレに行って、綺麗にトイレシートの上に排泄しているのを見ると、よく真っ暗な中でこれができるなと感心するが、彼らにはちゃんと見えているのだ。

そして桿体細胞のほかにも、もうひとつ理由がある。犬の網膜の下にはタペタムという反射層があって、ここで眼に入ってきた光を反射・増幅させる。そのために少ない光の中でも周囲がよく見えるというわけだ。犬や猫、馬、それに鹿のような動物の眼は暗い中で光ってびっくりするが、それはこのタペタムが光を反射しているからなのである。

暗いところでも周囲がよく見えることは、哺乳類にとってとても重要なことだった。もともと哺乳類は夜行性だった。恐竜全盛の時代に、まだ小動物だった哺乳類の祖先は恐竜から逃れ、夜になってからひっそりと動きはじめるという生活をしていたからだ。したがって、哺乳類にとっては色彩はさほど重要ではなく、それよりも「暗いところで動くものを識別できる」能力が必要だったのだ。

哺乳類の中で人間のような豊かな色彩をもっているのは、霊長類だけだとされる。霊長類は昼間活動するようになり、また果実などを採取・摂取するようになったので、色覚が重要になった。色によって果実が熟しているかどうか、つまりおいしいかそうでないかを判別できるからである。

人と暮らすようになった犬は、人と同じものを食べるようになって雑食化が進み、おいしい果実を食べる恩恵にも浴したことだろう（犬はリンゴやミカンも大好きだ）。暗い場所でもよく見える眼と、豊かな色彩でおいしいものを判断できる眼と、ここでも犬と人はお互いを補完する関係になっているとも言えるのだ。

こうした人と犬の感覚の違いは視覚に限ったことではない。

聴覚においても、いくつかの差異があることがわかっている。

もっともよく知られているのが、可聴域の違いだろう。人の可聴域は16～20000ヘルツだが、犬には40～50000ヘルツの音が聞こえると言われている（実は犬の可聴域については、ものの本によってかなり数字が違う。ただ、だいたいこのあたりではあるようだ）。犬に指示を与えるときに使う犬笛の音は20000ヘルツ以上の高周波数（いわゆる超音波）なので人間の耳には聞こえないが、犬にはちゃんと聞こえているのだ。

この人と動物の可聴域の違いは、有名なミステリー小説の重要な道具立てになっていたりもして、ひじょうに有名なものではあるのだが、身近にいる犬たちもそうなのだということが、案外ぼくらの意識から消えてしまいがちだ。どうしてもぼくらは自分たちに見えているもの、聞こえているもので世界が完結していると感じてしまうのだ。

幸い、と言っていいのかわからないが、この可聴域問題に関しては、ぼくは定期的に意識させてもらっている。コテツが教えてくれるのだ。

住宅街を「ご家庭でご不要になった電気器具など……」とアナウンスしながら流し

ている廃品回収業者がいる。ぼくの家の地域には2台の廃品回収車が出没するのだが、このうちのひとつにコテツが反応するのだ。そのアナウンスが聞こえてくると、遠吠えをするのである。

もう一方の廃品回収車にも、これもわりと頻繁にくる竿竹(さおだけ)屋にも、それから冬になるとやってくる焼き芋屋にも、コテツは反応しない。豆腐売りのラッパ（これがたまに来るのだ）の音が聞こえても何も起こらない。遠吠えをするのは特定の廃品回収車だけなのだ。

サイレンの音などに反応して遠吠えする犬がいるとは聞くが、この廃品回収車はサイレンは鳴らしていない。少なくともぼくの耳に聞こえるのは、ありふれた廃品回収のアナウンスだけなのだ。

おそらく、というか、まず間違いなく、その廃品回収車の音源に人間には聞こえない何らかの音が入っているのだろう。その音にコテツが反応していると考えられる。

コテツの場合、遠吠えのトリガーになっているものがひじょうにわかりやすかったのでよかったが、犬が「人間に聞こえない音」に反応しているときは、人にはそれと察することができない。また、これが遠吠えでなくて吠えるだけであれば、単純な吠え癖、もしくは近くにいる人に対する攻撃と思われて、問題行動とされてしまうかもしれない。

もしかすると、その音は人に危険をもたらすもので、彼らはそれを知らせているのかもしれないのだ。それなのに（犬は親切で教えてくれているのに）、それを咎められてしまっては立つ瀬がない。人を信頼しなくなってしまう。

という、現実的な「犬への対応のしかた」問題が一点あるわけだが、それとは別に、なぜ遠吠えなのか、いったい犬にとって遠吠えとは何か、ということも、ぼくは考えてしまったのだ。

犬が遠吠えをする理由としては、仲間とのコミュニケーションや連絡の手段、不安や寂しさ、ストレスを感じている（そのために仲間を呼んでいる）、嬉しさの表現などが考えられているようだ。

コテツの遠吠えがこのうちのどれに当たるのかは、よくわからない。ただ遠吠えの「ウォ〜〜ン」というもの悲しい響きと、そのときのコテツの切なげな、ちょっと苦しそうにも見える表情からは、その音はコテツにとって不快なものなのではないかと思う。「もの悲しげ」とか「切なげ」とかはあくまで人間の感覚であって、どれほど当たっているのかはわからないが。

ただ、その音に反応するのは近所の犬ではコテツだけで、つまりほかの犬たちにと

って、この「聞こえない音」は遠吠えのトリガーにならないようだ。また、コテツの遠吠えをきっかけにほかの犬たちが遠吠えを始めるということもない。一匹の遠吠えから、付近一帯の犬たちによる遠吠えの大合唱が起きることもあるそうなのだが、この違いはどこから出ているのだろう、そもそもそれでは「遠吠えは犬同士のコミュニケーション手段である」ことも怪しくなるのではないか、とか、とにかく犬と暮らしていると、不思議を感じることが多くて、飽きるということがない。

どう考えてもすごすぎる犬の嗅覚

しかし何といっても、犬と人の感覚の違いといえば嗅覚だろう。「犬は人の○○倍、鼻がいい」などとよく言われる。ただ、ここに入る数字はさまざまで、6000とか5000とか、景気がいい数字になると1億になったりして、いったいどれが正しいのかとも思うのだが、嗅覚に関するどんな要素で比較するのかによって、この数字が違ってくるということだろう。

人も犬も匂いを感知するのは鼻腔内の嗅上皮(きゅうじょうひ)という部分だが、人の場合はこの嗅上皮の広さは3〜8平方センチほどになる。犬の嗅上皮は襞(ひだ)が多いために(犬種によってかなり違うが）１００平方センチを超える。また嗅上皮の上にあって匂いを嗅ぎ取る嗅細胞の数も、人の５００万個に対して2億個以上と40倍以上の差になるのだ。

また、嗅細胞にある嗅覚受容体の種類も犬の方が多いとされていて（さまざまな種類の匂いを感知できる）、そんなこんなで匂いの感知能力という大きな括りではざっと１０００倍から1万倍くらい、感知する物質によっては1億倍くらい犬の方が高いと言われているのだ。例えば人の体臭に含まれる酢酸を嗅ぎ分ける能力は、人間の１００万〜１億倍あるのだという。また同じく体臭成分であるイソ吉草酸（きっそうさん）を嗅ぎ分ける能力は約１７０万倍あるといわれている。

ただ、勘違いしがちなのは、犬の嗅覚が人より1万倍優れているといっても、犬たちはぼくらが感じている匂いを1万倍強く感じているわけではない。さすがにそんな強烈な匂いを感じていたら頭がおかしくなりそうだ。この1万倍というのは、空気中の匂い分子の濃度が1万分の1であっても、犬は嗅ぎ分けることができるという意味である。

わが家においても、家族の誰かが帰宅することに（帰宅したことに、ではない）、最初に気づくのはコテツだ。それまでソファの上でクルリと丸まって寝ているように見えたコテツがやおら顔を上げて二、三度吠えてから、リビングの扉まで走っていく。

すると、しばらくして玄関ドアが開けられる音がするといった具合で、これは犬を飼っている家庭ではごくあたりまえに見られる風景だろう。

ぼくはときおり気が向くと、外出から帰るときにコテツに最寄りの駅まで迎えにきてもらうことがある。乗った電車と到着時刻を家人に連絡して連れてきてもらうのだが、駅の外で待っているとき、コテツはやはり吠えるのだそうだ。そしてコテツが吠えてから1～2分すると、ぼくが駅から出てくるのだという。

驚くのは、ぼくの最寄り駅は地下駅なのである。コテツが吠えるのとぼくが駅から出てくるタイミングから考えると、コテツが吠えているのは、おそらくぼくが地下2階のホームに降り立ったときなのだ。同一平面上の自宅玄関でもすごいと思うのだが（自宅の場合は嗅覚だけでなく聴覚もかなり役に立っていることだろう）、地下2階に現れたぼくの匂いを数百とか数千という人の中から嗅ぎ分けるとか、もう神業としか言いようがない。しかも、コテツがとくに優秀な犬というわけではなくて、飼い主の帰宅を10分前からわかっていた犬の例なども報告されていて、まあほんとうに犬というのはとんでもない能力を持っている動物なのだ。

だから訓練された警察犬は特定の個人の匂いを95％以上の正確性で嗅ぎ当てると聞いても、さもありなんと思う。しかし面白いことに、犬はこれほどの嗅覚を持っていても、遺伝的に近い存在、例えば双子の判別は得意ではないのだそうだ。つまり人は遺伝的に特有の匂いを持っていて、犬たちはそれを手がかりにして個人を判別している可能性がある、というのだ。

確かに服を替えたり風呂に入って石鹸の匂いをつけたり、もっと強い香水の匂いを纏(まと)っても、犬たちは間違えることなく人を判別する。それは遺伝的に特有の匂いを手がかりにしているからだという仮説には、説得力がある。ちなみに香水をつけたりするように、元の匂いに別の匂いを付け加えても、犬たちはあまり混乱しない。犬は「匂いの階層化」、つまり複数の匂いをまとめてひとつの匂いとして感じてしまわず、ひとつひとつの匂い要素を嗅ぎ分ける能力が高いのである。

もうひとつ双子以外にも犬が判別を苦手にするものがあって、それは同じ粉ミルクを飲んでいる赤ちゃんなのだそうだ。なぜかというと、同じ粉ミルクを飲んでいる赤ちゃんというのは（ほかの食べ物を食べていないので）細菌などの腸内環境が似ている。もしかすると動物には腸内環境のような要素で決まる個体特有の匂いがあって、それも個体識別の方法のひとつなのではないかというのである。こういう話を聞くと、例えばがん細胞の匂いを嗅ぎ分けるといった信じられない能力なども、充分ありうるという気がする。

そして、この匂いは犬の記憶と深く結びついていると考えられている。この本の冒頭で書いた、コテツがかわいがってくれていたご夫婦をずっと覚えていたのも、匂いの記憶である可能性が高いというのだ。確かに、コテツは顔の判別が難しい離れた場所からも（しかも犬の視覚は人でいう近視に近いのにもかかわらず）、すぐに「あの人たち」と判断した。視覚ではなく、嗅覚による記憶と考えるのが妥当だろう。よく知られる犬の帰巣本能も、嗅覚が大きく関係しているのではないかと考える人もいるのだ。

匂いに関連して、飼い主がちょっと嬉しくなる話も、ここで紹介しておこう。

アメリカ・エモリー大学のグレゴリー・バーンズ（Gregory Berns）は、12頭の犬に対して5種類の匂いを嗅がせ、そのときの犬たちの反応を調べた。5種類の匂いとは、

1　親しい人間の匂い
2　よく知らない人間の匂い
3　同じ家に住んでいる犬の匂い
4　よく知らない犬の匂い
5　実験を受ける犬自身の匂い

であり、彼は匂いを嗅いだ犬たちをＭＲＩにかけて、脳の神経細胞の活動を測定したのである。

その結果、脳の尾状核という領域が、１の「親しい人間の匂い」を嗅いだときにもっとも活性化することがわかった。尾状核というのは学習と記憶のシステムに大きな役割を負っていると考えられている領域だが、ポジティブな期待にも関連しているとされている。これは人間の場合だが、尾状核は人が恋に落ちるときに機能することが実験でわかっているのだ。

つまり親しい人間の匂いは犬にとってポジティブな期待を持たせるもので、言い方を換えると、犬にとってはある種の快感に結びつくものであると考えられる。飼い主の匂いを嗅ぐこと、飼い主と一緒にいることは、犬たちにとって快感になっていると推測できるわけで、ぼくら飼い主にとっては嬉しい結果となったのだ。

同時に、親しい人間、犬が好意を抱いている人間の匂いが尾状核という学習・記憶システムに関連する領域を活性化したということは、こうした匂いが犬の記憶と結びついていることを示唆している。

何と、またしてもコテツのエピソードと繋がってしまった。

コテツは件のご夫婦に対してとても強い好意を持っていた（それは再会したときの彼の様子からもよくわかる）。彼らに体を撫でられ、話しかけてもらうのは大きな快感であり、そのために彼らの匂いが強い記憶となって残ったということだろう。

まあ「好きなもののことをよく覚えている」のはあたりまえといえばあたりまえの話なのだが、そのあたりまえのことがこういうメカニズムで起きていると知れるのは面白い。そして犬にとって、それはやはり匂いがキーになっていたのだった。

犬にとって人は「人」か「犬」か

さて、ここまで見てきたような優れた視覚、聴覚、嗅覚を持った犬たちが、その感覚器官を通じてどのように人間を見ているかを考えてみたい。

犬が人をどう見ているかについて、よく見かける記述に「犬は家族を群れとして見ている。人間は『人の格好をした犬』だと思っている」というものがある。たいていは、だから人は群れのリーダーになれ、と続くのだが、これはいくらなんでも無理があるのではないだろうか。

体の大きさが違い、体の形が違い、体毛の長さも違い、二足歩行と四足歩行の違いがあり、足音が違い、言葉が違い、食べ物が違い、そして匂いが（人間でもわかるほど）大きく違う。その違いを、犬たちはその優れた感覚器官を使うことで、ぼくら人間よりもずっとよくわかっていると考えられるのだ。ごく自然に考えて、同じ動物とは思えないだろう。

実際に、犬は家族以外の人と犬とを別物として見ていることは明らかだ。犬同士が道で遭遇したとき、彼らはまず鼻先を近づけて挨拶したあと、体、とくにお尻の匂いを嗅ぎあうことになる。そして、これらの行動は、犬同士が会ったときには、ほぼ例外なく発生する。中には相手に関心を示さない犬もいるが（コテツもたまにそうするが）、少なくとも一方は挨拶をしたがるのがふつうだ。双方がまったく相手に興味を示さずに素通りするのは、とてもめずらしい。

ここで興味深いのは、相手が自分と同じ犬であるという認識に、犬種の違いは関係ないように思えることだ。ご存じのように（と断るのもいまさらだが）、犬という動物は品種間の形態差がひじょうに大きい。体の大きさといい、顔といい、体毛の長さや色といい、同じ動物とは思えないくらいのバリエーションがある。しかし観察している限り、そういった違いを乗り越えて「同じ犬である」という認識は、犬同士共通しているようなのである。

例えばラブラドール・レトリバーのような大型犬が相手だと、コテツは尻尾を振って近づいていくことはしない。やはりその圧倒的な体格差にびびっていて、ラブラドールの方が挨拶に来てくれてもそそくさと退散してしまうのだが、それでも「犬がいる」ことを意識しているのは、リード越しにびんびん伝わってくる。同じ動物種としての何物かが、彼らの間には確かに存在するのだ。

しかし、対人間の場合、犬たちはほとんど興味を示さない。人との間で鼻先を近づけたり、お尻を嗅いだりするのは物理的に難しくはあるのだが、それ以前に、人間をそうした行為の対象として見ていない。野良猫とすれ違うか、あるいはそもそも人間などいないかのように素通りする。

彼らが人間に興味を持つのは、まず相手（人間）が自分に好意を持っていることを表現しているときである。にこにこしながら「かわいいですねえ、何歳ですか？」と話しかけてくれる大人や「わんわ〜ん」と手を振りながら近づいてくる子どもたちには、コンタクトを許すことが多い。

面白いのは、コテツの場合だが、ここで人間の選別をしているらしいことである。「かわいいわねえ」と近づいてくる人を無視して、通り過ぎることがあるのだ。これは飼い主としてはかなりばつが悪いことであって、「ありがとうございます」とお礼を言ってみたり、あるいは愛想がなくて申し訳ないという気持ちが伝わるような苦笑交じりの会釈をすることになる。

だが、この選別が案外的を射ている気がするのである。残念なことではあるけれど、飼い主としては「それはやめてくれ」と言いたくなるような触り方をする人がいる。子どもにもいるが、大人にもいる。ほんとうに何となくなのだが、この人はそんな感じがするなあとこちらが感じる人を、コテツもスルーするのだ。不思議なのである。

いずれにしても、犬の行動は対犬と対人では大きく異なっている、言い方を換えると、犬は犬と人とを明確に区別している。犬にとって犬はたとえどんなに見た目が違っても自分と同じ「犬」だが、人は「人の格好をした犬」ではなく、まったく別種の動物である「人」なのだ。

しかし考えてみれば、これはあたりまえのことなのである。相手が生物的に交配可能であるなら、つまり自分の遺伝子を残すことができるのなら、そのことがわからなければならない（現実的にラブラドールのオスとチワワのメスを交配させることは、その体格の違いから無理ではあるが）。逆に、人間は自分にとって交配相手にはなり得ないこともわかっていなければならないのだ。

犬は人間を自分と同じ種類の動物だとは思っていない。同じ種類の動物だから親し

くしているわけではないのだ。別の動物だとわかった上で仲良くしてくれている。ありがたいものなのである。

コテツが求めている報酬とは

犬がもともとはまったく別の動物である人間と一緒に暮らしてくれているのは、一緒に暮らすことによって犬が何らかの報酬を受けているからだろう。これは何も犬に限ったことではなくて、ぼくら人間にしても同じことだ。ぼくらが何かの行動を起こすのは、そのことによる報酬を受けられるからなのである。

犬にとって人と暮らすことの報酬は、餌をもらえるとか、頭やお腹を撫でてもらって気持ちいいとかということになるだろう。犬が好きなぼくらは犬と一緒にいるだけで楽しい気分になるが、その「人が楽しい気分になる」こと自体が犬にとって報酬になっているらしいことも、ネオテニー仮説から納得できるものだ。

ただ「どうしてこんなことをするのだろう」「これをすることがいったいどんな報酬に繋がっているのだろう」と考え込んでしまうことが、犬を見ているとままあるのだ。

コテツが見せてくれる行動の中で、ぼくにもっとも理解できないのは食事のとき、それも人の食事のときの振る舞いだ。

すでに書いているように、わが家では犬の食事と人の食事は完全に分かれている。朝も夜もコテツが先にすませてしまい、そのあとでゆっくりと人が食事をすることになっている。で、食卓の用意ができました。では食べましょうとぼくが自分の席につくと、コテツがぼくの足をちょんちょんとつつくのである。抱き上げろ、と言っているのだ。このときぼくのとなりの椅子が空いていれば、コテツはすかさずその椅子に飛び乗って、そのままぼくの膝にスライドしてこようとする。そして抱き上げろ、というのである。

これは明らかにぼくの失敗で、コテツがまだ幼犬だったころに、抱きながら食事をしてしまったのだ。チワワの幼犬だから当時のコテツは片手の掌に乗るくらいの大きさで、それが苦もなくできてしまったということもあるのだが、これはぼくの甘やかせすぎ以外の何物でもない。そしてそれが習慣化してしまったわけで、ぼくは犬を「図に乗らせてしまった」のである。

しかしコテツはその後どんどんと大きくなり、チワワとしてはかなり大柄な犬になって、体重は2・8キロほどある。

その2・8キロを左手一本で抱え、一方の右手で箸やらスプーンやらを持って食べ

るのが、現在のぼくの食事なのである。

しかし不思議なのは、これによってコテツはどんな報酬を受けているのか、ということだ。

ぼくが抱いているとはいえ、コテツには食卓にあるものはいっさい与えられない。コテツもそれをわかっているので、欲しそうな素振りもしなければ、食べ物の匂いを嗅いだり、テーブルに前脚をかけたりすることもない。ほんとうに、ぼくの左手一本に抱かれているだけなのである。

はっきり言って、この体勢で食事をするのは、なかなかたいへんである。とくに汁物などはコテツの体の上にこぼさないように、スプーンを口で迎えにいかなければならないのだが、どうしてもコテツの体が邪魔になる。そこでコテツをぼくの体の左側に避けるのだが、これがなかなか力のいる重労働なのだ。コテツはコテツでぼくの腕から落ちないように踏ん張らなければならず、家人によれば「すごくつらそうな顔をしている」そうなのだ（ぼくからはこのときのコテツの顔は見えていない）。

そんなつらい思いをしなければならないのに、なぜ彼は食事のたびにぼくのところへ来るのか。それがわからないのだ。コテツはただ見ているだけで、「では、ちょっとご相伴にあずかって」とはならないのである。

自分は食べられないまでも、家族の食事、一家団欒に参加しているつもりなのではないか、というのがひとつの推測として成り立つだろう。そうかもしれない。それもありうるだろうとも思う。自分以外の家族が食事をしているのに、自分だけその場にいないことによる疎外感を持つのだろうか。

しかし「一家団欒」とか「自分だけその場にいないことによる疎外感」とかは、あまりに人間的な価値観である気がするのだ。果たして、犬がそうした感情を持つものだろうかという疑問が残る。

実際に、それはちょっと違うかもな、と思わせることもあるのだ。実は、コテツが食事中にぼくのところに来ないことがたまにある。来ないというより来られないのだが、それは夕食のおかずが揚げ物のときだ。

いまは揚げ物をすると家の中が汚れるし後始末も面倒というので、揚げ物はまったくしない家庭も多いらしいが、でもやはり自分で揚げた方がおいしいので、わが家では揚げ物をすることが多い。そして揚げ物のときは油はねが危険なために、コテツはハウスに入れられてしまう。

で、天ぷらやらフライやらとんかつやらを揚げ終わり、それを食べているときもコテツはハウスの中（ケージの中）に待機している。これは故意にしているわけではな

くて、ただ出すのを忘れているだけだ（だから気づいて出すこともある）。そんなとき、コテツは出せと要求することもなく、おとなしく待っている。そして、人間が食べ終わったところで「ク〜〜ン」と鳴くのだ。「もう食べ終わったんだから、出ていいでしょう」と言っているわけである。

つまりコテツは人間の食事のときに一緒の食卓にいないことに疎外感を持っているわけではないようなのだ。もしそうなら、人間が食べはじめたところで騒ぎ出すだろう。しかし実際は「人間が食べ終わったら出られる」と考えているようなのだ。

ではなぜ、食事が始まると、コテツは「抱っこしろ」と言ってくるのか。そしてそのたびにつらい思いをするのか。いったい何が彼にとっての報酬になっているのか。まったくわからないことだらけなのである。

なぜぼくは襲われたのか

もうひとつだけ、個人的なエピソードを書くことをお許し願いたい。どうしてそんなことが起きたのか、その理由はよくわからないのだが、それでも犬という動物を考えるときに、とても重要なことが含まれている（ような気がする）エピソードなのだ。

ぼくが中学生のころ、父親の実家に遊びに行ったときのことだ。こうしたときは「遊びに行った」と表現するのがふつうだが、ほんとうに遊びに行く人はどのくらいいるものなのだろう。実際、このときのぼくは遊びに行ったわけではない。ただ実家に用があった父親に連れていかれただけで、ぼくには遊ぶこともなければ、遊ぶ人間もいなかった。もちろん親戚の大人たちの前で好きなテレビ番組を見るなんてことができるはずもなく、有り体に言って、ぼくは退屈していたのだ。

あまりに退屈なので、ぼくは散歩でもしようと外に出た。ふつう中学生がまずしないことの筆頭にあげられるのが散歩だろう。しかし、その散歩くらいしか、ぼくにはすることがなかったのだ。

父親の実家では、犬を飼っていた。白い中型の犬で、おそらく柴系の雑種犬だっただろう。が、何年かに一度しかその家を訪れないぼくには、初めて顔をあわせる犬だった。田舎のことであって、その犬も首輪こそしているものの、完全な放し飼いだった。

とりあえず（土地勘もまったくないので）裏手の山を登っていこうと歩き出したぼくのあとを、その犬がついてきた。ぴたりとあとをついてくるというわけではなく、彼は彼で（彼女かもしれないのだが）好き勝手に歩いているようにも見えた。ときに

はやや遅れ、ときにはこちらの先回りをするように、つかず離れずといった感じのちょっと不思議な散歩を、ぼくは名前も知らない犬と始めることになったのだ。

そんな感じで30分ほど山道を登っただろうか。ぼくはそうやって歩いているのにも飽きてきて（まったく昔から辛抱のきかない人間だったのだ）、そろそろ戻ろうと思い、即席パートナーである犬に「おい、帰るぞ」と言って登ってきた道を引き返すことにした。

犬はしばらく立ち止まってぼくを見ていたが、ぼくが振り返って手招きをすると、ぼくについて山を下りはじめた。登ってきたときと同じように、ぼくらはお互いに前になったり後ろになったりしながら歩いていたのだが、しばらくするとまた犬が立ち止まったまま、動かなくなった。

ぼくはそこでまた振り返り、じっとこちらを見ている犬に「行くよ」と手招きをする。するとまた犬は下りてくる。といったことを家に帰るまでに三～四回繰り返したのだ。

そして、家に帰り着く直前、事件は起きた。

まあ事件と呼ぶほど大仰なものではないのだが、犬が突然「ウ～」と低い唸り声を上げると、ぼくに襲いかかってきたのである。まあ実際に噛みつかれたわけではないので（嚙みつこうとすれば簡単に嚙みつくことはできただろう）、本気の攻撃ではなかったのだろうと思う。しかし、ぼくとしては何となく彼とはいい関係ができたように思っていたので、その豹変ぶりに驚き、恐怖も感じたのだ。

犬が飛びかかってくるのを避けつつ、こちらも反撃する（蹴飛ばす）用意はあるぞという姿勢を見せながら、ぼくらはしばらく対峙していたのだが、ある瞬間、彼はふっと力を抜いて、何事もなかったように家に入っていったのだ。そして、続けて家に戻ったぼくに対して再び攻撃することはなかった。むしろすでにまったく興味を失っているようにも見えたのだ。

いったいこれは何だったのだろう、と思うのだ。

真っ先に考えつくのは、彼はまだ帰りたくなかった、もっと散歩をしていたかった、という解釈である。それをぼくが帰宅させてしまったので、怒って攻撃を仕掛けてきた。これがいちばん自然な解釈でもあり、おそらく正解に近いのだろう。

しかし、である。帰りたくなければ、帰らなければいいのだ。ぼくは彼の飼い主でもなんでもない。この日会ったばかりの、初対面の中学生なのだ。そもそも「一緒に散歩しよう」と言っていたわけでもない。ぼくが「帰るよ」と言っても、そのとおりに帰る謂われはないのである。知らん顔してもっと登っていけばよかっただけの話な

のだ。

ところが、彼は会ったばかりの子どもに対して、ある関係を作ろうとしてくれたのだ。「帰るよ」と言ったぼくにあわせた行動を取ってくれた。まず、これがすごい。犬というのは、そういうふうに考えてくれる動物なのだ。これだけでも充分に驚きである。

そして彼は帰ろうとするぼくに不満を感じながら（しかも、不満だぞということを、何度か表明しながら）、家までつきあってくれた。しかし「不満である」ことをはっきり伝えないと面白くなかったのだろう。だから散歩が終わる寸前、ぼくに攻撃を仕掛けた。といって、ほんとうに危害を加えるつもりはなく、不満な気持ちが伝われば充分だったから、その攻撃はかなり手ぬるいものだった。そして、その気持ちが伝わったと判断したところで、攻撃をやめた。

ちょっと人間に寄りすぎた解釈かもしれないのだが、そのときぼくはそんなことを考えたのである。

果たしてこの推測が当たっているのかどうか、いまでもわからない。わからないのだが、犬という動物について考えるとき、ぼくはこのときのことを思い出すのだ。

Part 7

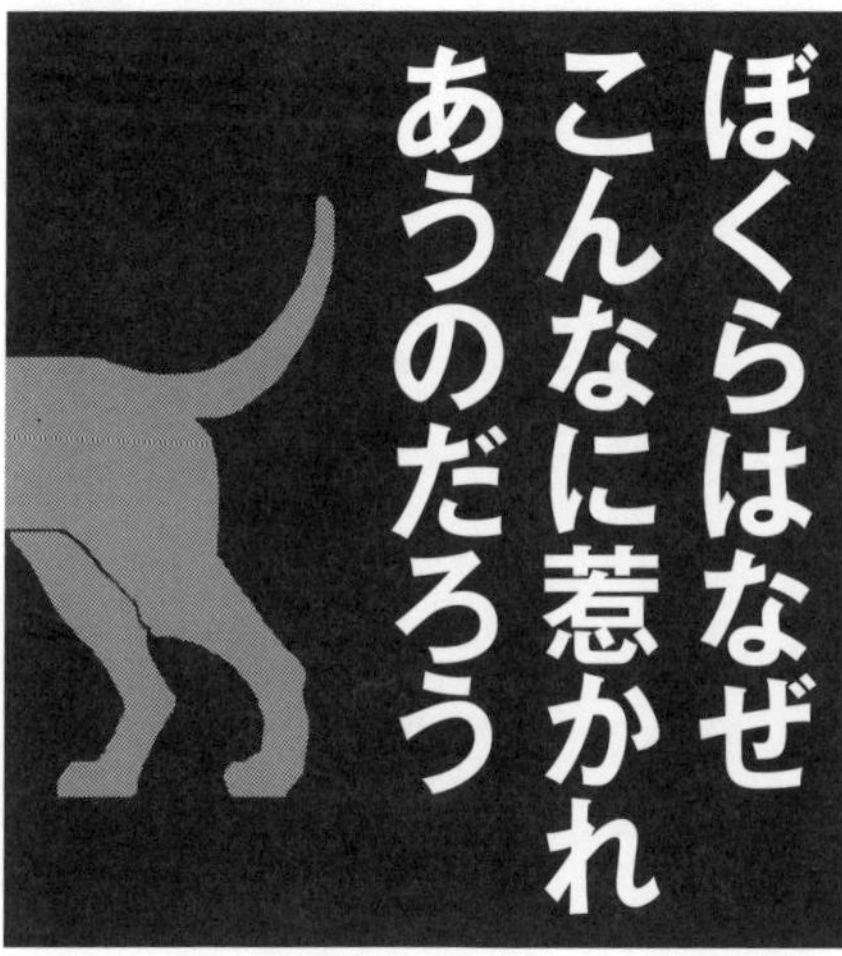

ぼくらはなぜこんなに惹かれあうのだろう

人は犬を手放さなかった

犬と人が一緒に暮らしはじめた（暮らすことができた）理由については、ひとつの仮説（推測）を立てることができた。

しかし、考えなければならない問題が、もうひとつある。

犬と人が一緒に暮らしはじめて、1万5000年（から13万5000年までの間のいずれかの期間）以上の時間が経過しているわけだが、この間、ぼくらを取り巻く環境も、それぞれが抱える事情も、大きく変わってきているはずなのだ。その変化はたとえ人間同士の間で起きたとしても、その関係を往々にして変えてしまうものなのだが、人と犬という別種の動物でありながら、それでもなおぼくらが「最良の友人」であり続けられているのはなぜなのか、である。

ぼくらの関係を変えてしまってもおかしくなかったできごとのひとつに、それまで狩猟・採集生活をしていた人間が農耕を始めたことがある。

農耕のメリットは、言ってみればイチかバチかの狩猟・採集と違って、食料を安定的に得られることにある。とすれば、自然と農耕への依存は大きくなる。もちろん肉を食べなくなるわけではないので、狩りをしなくなるわけではないが、狩りという行為そのものの重要性の低下は避けられないだろう。となると、人間にとって狩りにおける共同作業が最大の存在意義であった犬の重要性もまた、低下してしまうということになる。

人間の食料調達が農耕に、食習慣が植物食に振れることはまた（人間にとっての犬の重要性とは別に）犬の生活を直接脅かすことになる。肉食への依存が減れば、狩りの回数も減る。となれば当然仕留める獲物の量も減り、犬たちが手にする分け前も減ってしまうのだ。もともと雑食である人間より、肉食動物である犬にとって、その影響ははるかに大きい。

さらに、農耕を始めた人間は、それまでのように獲物になる動物や食料となる植物を追って移動することをやめ、一箇所に定住するようになる。それまでは移動しやすくするために住居も簡易なものであったろう。だからこそ、夜の間も周囲の状況に気を配り、危険が近づけばそれを知らせてくれる犬の存在がありがたかった。犬がいるから、夜はゆっくり休めたのだ。

しかし、定住化によって家屋の造りも頑丈になり、外敵の侵入にも以前ほど神経質である必要もなくなっただろう。もちろん農作物という財産を外敵による収奪から守

る必要は依然としてあるので、番犬の価値がまったくなくなるわけではない。しかし、人間以外の動物を含むすべての集団が不安定な狩猟によって食料を得ていたとき、集団間の食料収奪が頻繁に起きていただろう時代と比べれば、その怖れは少なくなったことだろう。つまり、番犬としての役割もまた、重要性が減ってしまったと考えられるのだ。

農耕の開始によって、人と犬の関係は破綻してもおかしくなかっただろう。しかし、狩猟や警備の役割がかつてほどの重要さを持たなくなっても人間は犬を手放さなかったし、犬も人間の元を去ることはなかった。それどころか犬たちは、人間の食習慣の変化（植物食の増加）に合わせて、自分たちも植物食に適応した。肉食から雑食へと食性を変えたのである。

そして時代が下ると、人間はさらに犬と仲良くしようとして、犬とより密接な関係を作る方向に向かう。犬の育種を始めたのだ。

いまから３０００〜４０００年前の段階では、それほど多様な犬種は存在しなかっただろうと考えられている。少なくとも、意図的な品種改良によって生まれた犬種は、さほど多くなかっただろう。多くの犬種が作出されるようになったのは、中世以降（２００〜４００年前）のこととされる。この短い期間に、人間はさまざまな犬種を作り出した。国際畜犬連盟（ＦＣＩ）は２０１７年の時点で３４４の犬種を公認しているが、ＦＣＩ非公認の犬種やすでに絶滅してしまったものを含めると、その数は８００にのぼるとも、数千に達するだろうとも言われている。

この犬の育種にかける人間の情熱には、驚くべきものがある。犬がもともと繁殖サイクルが短く、出産も容易で（何といっても安産のお守りになるくらいだ）、一度に生まれる子どもの数も多いなど、育種に向いた動物だったという事情はあるだろうが、それにしても人間が作り出した犬の品種は、その数の多さでも、形態の多彩さでも、ほかの動物を圧倒する。

そして、この品種改良によって、人は犬に新しい仕事、新しい居場所を提供することになった。かつて集団でしていた狩りとは別形態の、鉄砲などを使って個人で行う狩猟のアシストをしてくれる猟犬や、牧場で飼育している羊や牛を移動させる牧畜犬、牧羊犬、さらにはそりを曳かせる犬や愛玩犬である。

とはいえ、そうした犬たちも、いつまでもその地位が安泰だったわけではない。人間は機械というものを作り出したのである。それらの中には、それまで犬をはじめとした労役を提供する家畜たち（馬車を曳く馬や畑で犂を曳く牛だ）が担っていた仕事に取って代われるものも少なくなかったし、実際にかなりの部分は機械に置き換えら

れていった（馬車は鉄道や自動車に、牛が曳く犂は農業用トラクターに取って代わられた）。その結果、この分野で馬や牛の姿を見ることはひじょうに少なくなってしまっている。

けれど、それでも人間は、犬を諦めなかった。犬を手元に置き続けた。彼らのそれまであまり注目されていなかった能力を生かす方法を考え、それを見つけていったのだ。それは例えば警察犬であり、麻薬や爆発物の探知犬であり、災害救助犬であり、そして盲導犬、聴導犬、介助犬、セラピー犬といった犬たちだ。

それができたのはもちろん犬たちがそうした仕事をするだけの能力を持っていたからにほかならないが、それにしても人間が犬にかける想いには、ある種「執念」とも呼びたいほどのものがある。なぜ、そこまでぼくら人間は、犬にこだわったのだろう。

人は「かわいい」ものに目がない

そもそも、人はなぜ犬を飼いたがるのだろうか。

「なぜ犬を飼いはじめたのか」を、世の中の飼い主たちに尋ねたら、いったいどんな答えが返ってくるだろうか。おそらく真面目で人のいい飼い主たちは、何かちゃんとした答えを出さなければいけないと思い、いろいろな理由を見つけ出して答えてくれることだろう。しかし結局のところは、身も蓋もない言い方になってしまうが、「犬が好きだから」とか「犬はかわいいから」というあたりに落ち着くのではないだろうか。

そうなのだ。人間というのは、動物と遊ぶことや、かわいいものが好きなのである。なんとまあ、あたりまえの、芸のない話かと思われるかもしれないが、これをちゃんと実験で証明した人がいる。アメリカのラトガーズ大学で教える心理学者のヴァネッサ・ロブー（Vanessa LoBue）らは、1歳から3歳の幼児はおもちゃで遊ぶよりも生きている動物と関わることにより多くの時間を割くことを明らかにした。生きている動物というのはハムスターのような誰もが遊びたがる動物にとどまらず、ヘビやクモ、ヤモリといったものも含んでいるので「動物であること」に意味があることが伺える話である。

さらに、シアトルのアレン脳科学研究所のクリストフ・コッホ（Christof Koch）は、感情に関係する脳の領域である扁桃体に、動物の写真に選択的に反応するニューロンがあることを突きとめた。

動物と一緒にいる、動物に触れるということが、人間にとっては何らかの特別な意

味を持っているのである。

しかしロブーの実験でも動物の選択肢がハムスターやクモ、ヤモリであったように、ぼくらが「遊ぼう」とか「かわいい」と思うのは、多くが小動物である。体の大きな動物は一般的にあまりかわいいとは感じられないし、なかなか遊ぼうとは思わない。ただし、トラやヒグマやゾウのような動物であっても、かわいいと感じるものもある。それは子どもである。小さいものはやはりかわいく感じられるのだが、とくに生まれたばかりの赤ん坊とかになると、これはもう無条件でかわいい。

こうした「かわいさ」が人にどんな反応をもたらすかを調べるため、広島大学の入戸野宏（現在は大阪大学）らが、ある実験を行った。

その実験では132人の大学生を三つのグループに分け、それぞれに「課題1　小さな穴の中にあるものをピンセットで摘まみ上げる」と「課題2　数列の中から指定された数字を探す」のふたつの課題を行った。一回目の課題終了後に、ひとつのグループには幼い動物（子犬や子猫）の写真、ふたつ目のグループには幼くない動物の写真、三つ目のグループにはおいしそうな食べ物の写真をそれぞれ7枚見せて好きな順に並べるという作業をしてもらった。それに続いてさきほどと同じ課題をもう一度やり、一回目の成績と比べたのである。

その結果、幼い動物の写真を見たグループは明らかに成績が向上したものの、幼くない動物の写真を見たグループと食べ物の写真を見たグループでは、成績の向上は見られなかった。人はかわいいものを見ると、集中力が上がるというのである。

この結果について研究グループは『『かわいい』という感情には対象に接近して詳しく知ろうとする機能があるために、小さな穴や数列といった細部に注意を集中するという効果が生じたのだろう」と分析している。

もっと単純に「かわいいものを見たら落ち着いた」とか「テンションが上がった」という面もありそうだが、いずれにしても「かわいい」が人間にとってひじょうにポジティブな感情を生じさせるのは、間違いのないところだろう。

この動物の子ども、とくに赤ん坊の特徴といえば、体に対して大きな頭、顔に対して大きな目、額が広く、一箇所に固まった顔の各パーツ、あるいは丸みを帯びた輪郭といったところになるのだろうが、これらはもちろん人間の赤ん坊にも共通しているものだ。

そして、この見た目の特徴は、オオカミのネオテニーとしての犬にも通じている。小型愛玩犬の顔は、人の赤ちゃんにも似ているのだ。

何でもかんでもネオテニーを持ち出すのは我ながらどうかとも思うのだが、しかし大型犬ですら「かわいい」と感じさせる、彼らの見た目がぼくらを惹きつけていることは否定できないだろう。

目とコミュニケーション

犬と過ごすことが面白くてたまらない理由のひとつに「コミュニケーションが取れる（もしくは取れたような気がする）」ことがある。

コテツがやってくる前のわが家には、ジャンガリアンハムスターがいた。彼らは彼らで「かわいい」の塊（かたまり）のような動物だったのだが、残念なことにコミュニケーションとはまったく無縁の存在だった。そもそもハムスターははっきりと夜行性であり、昼間はまったくと言っていいくらい姿を見せない。したがってコミュニケーションもへったくれもないのだが、夜になって巣の中から出てきたといって、何が起きるというわけでもない。基本的に「見ているだけ」の動物である。

見ているだけの動物には見ているだけのよさがあるし、わが家にいたジャンガリアンたちにも、何の不満もなかった。むしろ「コミュニケーションが取れないことこそ魅力」と、とくに猫好きの人などは言うかもしれない。それはそれで、とてもよくわかるのだ。

が、動物とコミュニケートできる面白さに格別なものがあるのも確かなことなのである。そして、それができる犬という動物は、やはりひじょうに魅力的なのだ。

その犬のコミュニケーション能力に大きく関わっているのが「目」だという考え方がある。とても興味深いので紹介しておこう。

問題になるのは、眼の構造である。どんな構造かといえば、黒目と白目の割合だ。外から見たとき、人の目は七割が黒目で三割が白目になる。この割合は動物種によって異なるが、一般的にほとんどが黒目の動物が多い。野生状態では、その方が有利なのだと考えられているのである。

黒目と白目がはっきりと区別できると、その動物がどこを見ているか、その視線が向いている先を知ることができる。これはあまりいい状態ではないのだ。

捕食動物が被食動物を襲うとき、被食動物の多くは群れでいるから、まずひとつの個体を群れから脱落させようとする。周りにほかの個体がいない方が格段に襲いやすいからだ。しかし、このとき捕食者の視線が被食者に読まれてしまったら（どの個体を狙っているかがわかってしまったら）、被食者側に対抗策を講じさせることになってしまう。

まず、自分が狙われていないとわかった個体には、余裕を与えるだろう。その余裕は、狙われている個体を守ろうという行動に繋がる可能性がある。狙われるのは往々にして子どもの個体だが、余裕が生まれた大人の個体は狙われている子どもを囲むようにガードするかもしれない。そうなってしまえば、狩りはますます困難なものになる。

捕食者側としては、群れ全体に「狙われているのは自分かもしれない」という不安を与え、その不安に乗じて獲物を仕留めたいのだ。したがって、視線は読まれない方がいいことになる。

一方の被食動物としても、視線を読まれるのはうまくない。そのことで逃げようとしている方向を知られてしまうからだ。それを知られたら、捕食者側はすぐにそちらへ先回りしてしまうだろう。飛んで火に入る……、になってしまうのだ。

というわけで、一般的に動物にとってはほかの動物に視線を読ませない方が得策なのである。人間に近いチンパンジーでも、ほとんどが黒目だ（ニホンザルは二割ほど白目があるが、これはかなりめずらしい）。

それに対して黒目と白目がはっきりと外からでもわかるのは、ぼくら人間のほかにはオオカミと、それに犬などの限られた種であるという。

と、ここで違和感を覚える人もいるだろう。犬の白目は見えないのではないか、と思う人も少なくないのではないだろうか。実際、ヨークシャー・テリアやトイ・プードルは目の全体が黒目で、まるでボタンを埋め込んでいるかのように見える。このあたりは犬種や個体によってもかなり事情が違うのだろうが、しかし正面を向いているときはほとんどが黒目でもいいのである。視線を動かしたときに白目が現れれば、それで視線の向きを知ることができるのだ。ちなみにコテツも真っ直ぐ前を向いているときはほとんどが黒目だが、彼が視線を動かすとはっきりとその方向がわかる。それでいいわけである。

それはともかく、人の眼の構造とオオカミ、犬の眼の構造は似ているのだそうだ。そしてその理由は共同で行う狩りのしかたにある、ということなのだ。

複数の個体が共同で狩りをするといっても、数に任せてむやみに襲いかかるわけではない。狩りの参加者が連携して動くことで、はじめて効率的に獲物を仕留めることができるのだ。「おれはこっちへ行くから、おまえはあっちへ回れ」「いまだ、飛びかかれ」などといったコミュニケーションを取りながら、狩りを進めることになる。そのためには、逆に視線をはっきりさせた方がいい、黒目と白目とがはっきりわかるようになっている方が有利だというのだ。

こうしたコミュニケーションを取るために、視線以外にも効果的な方法がある。ひとつは言うまでもなく言葉だが、言葉が通じない相手であっても、指差しなどのジェスチャーでもコミュニケーションは可能だ。

そして、我らが犬たちは、そうした視線や指差しを使ったコミュニケーションが、ひじょうに上手だということがわかった。

この実験をしたのはハーバード大学のブライアン・ヘア（Brian Hare）らで、彼らは離れたところに置いた餌の場所を指差しや視線で示し、それを犬たちがどの程度理解できるかを調べたのである。

ヘアらは同じ実験を犬だけでなく、人間の幼児とチンパンジー、そしてオオカミに対しても行い、その成績を比較したのだが、その結果は犬がもっとも成績がよく、次いでよかったのは人間の幼児で、チンパンジーとオオカミは犬よりもずっと成績が悪かったのだ。

これだけであれば、犬の成績がいいのは人がしつけたから、訓練をしたからだという可能性も否定できないのだが、しかし生後9週ほどの子犬にもこの能力が見られたことから、これは訓練の成果ではなく、犬という動物がすでに種として獲得した力だと考えられたのである。

人と犬にはできることが、それぞれの近縁種であるチンパンジーとオオカミにはできなかったわけだ。つまり、この能力は霊長類が持っている能力でもなければ、イヌ科動物全体の能力でもない。人と犬だけが獲得したものだと考えられる。そしてこのことからは、ある仮説が導き出される。

それは、この指差しや視線でのコミュニケーション能力は、人と犬が共同で狩りを行い、ともに生活をしていく中で獲得したものなのではないか、という考え方だ。人と犬における「収斂(しゅうれん)進化」の可能性である。

人と犬はともに進化した

収斂進化とは、まったく系統の違う動物が、似たような体形や性質を持つようになる現象だ。こうした現象が起きるのは、環境や食物が原因だと考えられている。同じような環境で、似たような生活をしている動物は、そうした環境に適応するために同じような特徴を持つようになるということである。

例えば有袋類のフクロモモンガとリスの仲間であるモモンガは、メスのお腹に袋があるかないか以外はとてもよく似ている。ともに森の中で暮らし、木の幹に開いた穴

を巣にして、果実や小動物を食べているという共通点を持ち、そのためにそっくりになったが、もともとはまったく違う動物である。

余談だが、オーストラリアの有袋類とほかの地域の有胎盤類が収斂進化している例は、ひじょうに多い。フクロアリクイとアリクイとか、絶滅したフクロオオカミとオオカミなどだが、これらフクロ〇〇（〇〇には動物の名前が入る）と元の動物である〇〇は収斂進化した動物のセットなのである。

それはともかく、収斂進化の例は姿形だけにとどまらない。イルカとコウモリは見た目も生活環境もまったく違うが、ともにエコーロケーション（反響定位）というめずらしい能力を持つことはよく知られている。自分が発した超音波が周囲のものに反響して返ってくる時間差から、周囲の状況や位置関係を知る能力だ。このイルカとコウモリの聴覚に関係する遺伝子に、共通の変異があることがわかっている。環境は違っても、それぞれがこの能力を高めるという進化戦略をとったために、遺伝子に同じ変異が生じたのだと考えられる。これも収斂進化のひとつである。

この収斂進化が、人と犬の間にも起きたのではないか、というのだ。

人と犬が共同して狩りを始める以前から、人もオオカミも複数の個体が協力して行う狩りをしてきた。ともに視線の先がわかる目の構造をしていることからも、視線によるコミュニケーションをしていただろう。

ところが、人間との共同の狩りをしなかった現在のオオカミと、人間と一緒に狩りをしてきた犬とでは、この能力に大きな違いができている。これは犬が人間と共同作業をする過程でこの能力をより一層高める進化をしてきたからだろうと考えられる。また一方の人間も、犬との共同作業によって、もともと持っていたコミュニケーション能力にさらに磨きをかけたことだろう。これが収斂進化ではないか、というのだ。

人間と犬が収斂進化したと考えられる根拠はほかにもある。ひとつはデンプンの消化酵素であるベータアミラーゼの遺伝子だ。この遺伝子はオオカミではあまり機能していないが、犬はその10倍以上の機能を持つ。これは人間が農耕を始めたことで、人間のみならず、ともに暮らしていた犬の食習慣が変わったことによるだろう。摂取した穀物などの炭水化物をエネルギーとして有効に活用するために、人と犬は変化（進化）したのである。

それ以外にも気質に関与するセロトニンなどの神経伝達物質の運搬、コレステロール生成、さらには肥満や強迫神経症、てんかん、がんなどの病気に関する遺伝子も、人と犬は共有しているのである。

フクロモモンガとモモンガ、イルカとコウモリの収斂進化は、まったく別の場所で

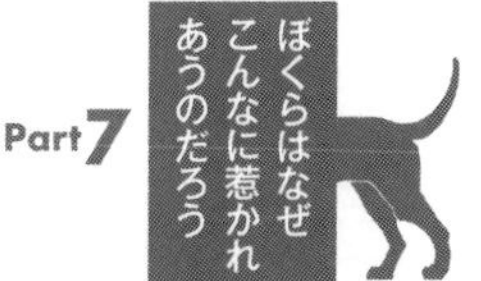

独自に起きた進化が収斂進化だったわけだが、人間と犬の場合は同じ環境で一緒に暮らしたからこそ起きた収斂進化である。言い換えれば、人と犬はともに暮らすことで、ともに同じ方向に進化してきた、共進化してきた動物であると言える。

しかし、こうした現象が起きるのは、ある意味で当然なのである。それは犬が家畜であり、人が犬の繁殖に際して選択淘汰を行っているからだ。

指差しや視線による人間とのコミュニケーションの苦手な犬がいたとしよう。彼は人による指示が理解できないから、狩りにおいても人が望むような動きができない。あの犬が指示どおりに動かなかったから、われわれは獲物を取り逃がした。あいつは狩りがうまくない、あまり役に立たない犬だと評価されてしまう。そして、そうした犬は淘汰されてしまうのだ。

次世代に血を残せるのは、人とのコミュニケーション能力に長けた個体ということになるだろう。デンプンの消化能力の低い犬も同じことだ。そうした犬は必然的に体力的に劣ってしまうから、やはり淘汰の対象になるだろう。

人間の選択淘汰によって、「人の役に立つ個体」「人との生活に適した個体」が残される。その結果、犬たちは時を経るにしたがって、どんどん「人と一緒に暮らすための動物」になっていくのである。

人のそばにはいつも犬がいた

さて、ここで視点を変えてみよう。

ちょっと怖い話になるのだが、選択淘汰されたのは、はたして犬たちだけだったのだろうか。

人と犬の関係が現代よりもずっと濃厚で、ある意味で犬の存在が人間の生活を支えていたと言えるかもしれない狩猟・採集時代においても、犬とのコミュニケーションが下手な人はいたに違いないのだ。そしてそうした人たちは、やはり集団内で「狩りが下手なやつ」の烙印を押されてしまうだろう。

狩りにおいて、人間は犬に指示を出すだけではない。犬たちが人の指示をどう受け止めたのか、犬たちが獲物をどの方向に追い込もうとしているかを読むことも、当然必要になってくるはずである。それができない人間は、自分も最善の動きができないし、ほかの犬に適切な指示を出すこともできない。刻一刻と動く狩りの流れに対応できないのだ。その結果、彼と彼が属するグループは獲物を取り逃がし、充分な食料を確保できなくなるかもしれない。

もっと言ってしまえば、犬という動物がそもそも苦手だ、という者だっていただろう。犬と一緒にいるのも苦痛なのだ、まして協力しながら狩りなんて、とんでもないという人間だって、いたに違いないのだ（そしてそれは当時もいまも、全然悪いことではない。しかたのないことだし、また当然のことでもある）。

が、そうした個体は、現在とは違って人と犬とが生計の手段で密接に繋がっていた当時においては、一種の社会不適合とされてしまったかもしれない。彼らは所属する集団の中で軽んじられ、結果的に淘汰されることになった可能性は否定できない。

そこには、ちょっと不思議な関係ができあがっている。

唐突かもしれないが、家畜の定義をもう一度思い出してみる。家畜の定義とは「人為的な繁殖によって、人にとって便利なように選択淘汰されて、野生種とは異なる形態を得た動物」であった。

この定義の主体を、人から犬に変えてみる。「人にとって便利な」を「犬にとって便利な」に置き換えてみよう。

犬にとって便利な人間、望ましい人間とは、犬とのコミュニケーションをしっかり取ることのできる人間、そして自分たちを認め、尊重してくれる人間である。そして、狩猟・採集時代の人と犬の共同社会においては、そうした人間たちこそが人間集団における強者たり得たのだろう。それができないものは、できるように努め、そして、それを克服できたものは生き残ることができたということだ。

繁殖にあたって人為的・強制的な選択が行われる犬とは違って、その速度はとてもゆっくりだったろうが、人間たちは犬とのコミュニケーション能力をより発達させ、犬にとって都合のいい動物に進化していく。つまり犬にとっての人間は「犬にとって便利なように選択淘汰されて、元とは異なる形態（性質）を得た動物」であると言えないこともないわけで、人為的（犬為的？）な繁殖こそしていないものの、実は人間は犬の家畜であるのかもしれないのだ。

犬以外のほとんどの家畜が一方的に人間に利益を与える片利共生であるのと違い、犬と人との関係は双方が利益を受ける相利共生であることはすでに書いたが、実は相利共生よりもさらに強固な関係、いわば「相互家畜」と呼ぶべきものなのかもしれない。犬は人の家畜であるが、同時に人は犬の家畜なのだ。ぼくらが犬の「飼い主」を名乗り、ご主人様面をしているのは、実はちゃんちゃらおかしい、独りよがりな振舞いなのかもしれないのだ（「犬以外のほとんどの家畜」と書いたのは、猫もまた人間と相利共生の関係にあるからだ。そして猫と人の関係もまた「相互家畜」である可能性が高い）。

そう考えると、ぼくら人間が犬に惹かれ、同時に犬たちが人に惹かれる理由のひとつがわかるような気もするのである。

現在の人間は「犬が好きで、犬と暮らすことができるように選択淘汰された人類」の子孫であり、犬たちは「人が好きで、人と暮らすことができるように選択淘汰されたオオカミ」の子孫なのだ。

といったことを言うと「人と犬は遺伝子レベルで結びついている」とか、「種としての人間の遺伝子に、犬との記憶が刻まれている」とか、何となく意味ありげで格好よいフレーズが思い浮かばないではないのだが（そうしたフレーズで本書を締めくくれれば、実に格好いいのだろうが）、それはまたちょっと違うように思う。おそらく、ことはそんなに単純なものではないだろう。

ただ、人間はひとりだけで人間になったわけではない、その傍らにはいつもある動物がいた（そして、いまもいる）と考えることは、それだけでぼくを嬉しい気持ちにさせてくれるのである。

あとがき

ぼくらはいったいどれほど犬のことを知っているのだろう。

そんな疑問から、この本は動き出した。

ぼくらが知っている（あるいは、知っているつもりになっている）犬の姿は、彼らのありのままを反映しているのだろうか。もしかすると、ぼくらはとんでもない勘違いをしているのではないだろうか。

犬と暮らしている日々の中で感じた不思議から出発して、どこまで「犬の姿」に迫れるか。そして、犬という動物が人間の最良の友になり得た理由とは何なのか。それを探る作業に、ぼくは取りかかった。

調べていく過程で感じたのは、犬の研究はまだ始まったばかりなのだ、ということだった。不思議なことに（もしかすると当然なことなのかもしれないのだが）、犬は長い間、研究の対象になっていなかったようだ。科学者たちにとっても、犬は「研究するもの」ではなく、「そこにいるもの」だったのだろう。

だから犬についてわかっていることはとても断片的で、その断片を組み合わせるためには、想像力を必要とした。しかしその断片のひとつひとつはとても刺激的で、それを繋げようとする試みは、この上なくエキサイティングだった。

それがどれほどの成果を上げられたかは読者の判定を待つしかないのだけれど、これからどんどん犬についてぼくらが知ることは多くなっていくことだろう。そして、知識が増えれば増えるほど、謎もまた増えていくに違いない。

お楽しみは、これからなのである。

ぼくにこの機会を与えてくださった三賢社の林良二さんと林史郎さん、そして無断で何度も本文中に引っぱりだされたコテツ（チワワ、オス8歳）に、最大級の感謝を込めて。

平成最後の戌年の瀬に

辻谷秋人

付表　犬が登場することわざ・慣用句

ことわざ	意味
生ける犬は死せる獅子に勝る	死んでしまっては何にもならないというたとえ。どんなに優れた者であっても、死んでしまっては何の役にも立たなくなるという意味。同様のことわざに「吠える犬は眠れる獅子より役に立つ」「生ける犬は死せる虎に勝る」がある。
一犬影に吠ゆれば百犬声に吠ゆ	一匹の犬が何かの影を見て吠え出すと、それを聞いた百匹の犬がそれにつられて吠え出すという意から、ひとりの人間がいいかげんなことを言うと、世間の多くの人がそれを真実として広めてしまうことのたとえ。「一犬虚に吠ゆれば万犬実を伝う」「一犬虚に吠え万犬これに和す」とも。
犬一代に狸一匹	よいチャンスにはなかなか出会えないたとえ。犬の一生に狸のような大きな獲物をとるのは一度くらいだということ。
犬が西向きゃ尾は東	わかりきったこと、あたりまえのことをいう場合のたとえ。
犬に論語	ありがたみのわからないこと。わけのわからないものにどんなよい教え、立派な道を説いてもいっこうに感じないこと。「馬の耳に念仏」と同義。
犬の一年は三日	成長の早いことのたとえ。
犬の遠吠え	争いに負けた者が負け惜しみや減らず口をたたくことから、臆病な人が陰で威張ったり、陰口を言うこと。「負け犬の遠吠え」「犬の逃げ吠え」。
犬の糞で敵を討つ	卑劣な手段で仕返しをすることをいう。
犬は三日の恩を三年忘れず	犬はわずかな期間の恩でも長い期間忘れない。人間なら、なおさら恩義を忘れてはならないという戒め。反対の言葉に「猫は三年の恩を三日で忘れる」。
犬骨折って鷹の餌食	犬が苦労して追い出した獲物を鷹に取られる。苦労して手に入れかけたものを他人に奪われてしまうたとえ。

犬も歩けば棒に当たる	犬もうろつき歩くから、棒で打たれるような目に遭うことになる。じっとしていればよいものを、出しゃばると思いがけない目に遭うという意味。のちに、出歩いているうちには、思いがけない幸運にぶつかることもある、という意味にも使われるようになった。
犬も朋輩　鷹も朋輩	同じ主人に仕える以上、身分に違いはあっても、仲良くしていく義務があるということ。
飢えたる犬は棒を恐れず	飢えている犬は人に叩かれることも恐れずに食物に近づく。同じように、人間も生きるためには危険をおかすこともある、の意。
兎を見て犬をかえりみる未だ晩（おそ）しとせず	ウサギを見つけてから犬を放して追わせても遅くはない。失敗してから気がついてやり直しても、決して遅すぎるということはないの意。
兎を見て犬を呼ぶ	基本的には右の「兎を見て犬をかえりみる未だ晩しとせず」と同じ意味だが、逆に「すでに手遅れである」ことのたとえにも使う。「兎を見て犬を放つ」とも。
家の前の痩せ犬	後ろ盾があるときは威張り、ない時は意気地がない人のたとえ。痩せて弱い犬も飼い主の家の前では威張って吠えることから。
大所の犬になるとも小所の犬となるな	どうせ人に仕えるなら、権力のある者の下につけというたとえ。
尾を振る犬は叩かれず	従順な者には、誰もひどいことをしない、という意味。「尾を振る犬は打たれず」「杖の下に回る犬は打てぬ」ともいう。
飼い犬に手を噛まれる	目をかけていた部下や世話をしてやった人に裏切られ、思わぬ害を受けること。
垣堅くして犬入らず	家の垣がしっかりしていれば犬は入ってこないことから、組織が正しく治まっていれば、外部にそれを乱されることはないという意味。
噛み合う犬は呼び難し	喧嘩をしている犬はいくら呼んでも来ないように、自分のことに夢中になっている人は、何を言われても耳に入らない。
食いつく犬は吠えつかぬ	強い犬はむやみに吠えないということから、自信や実力のある者はむやみに騒ぎたてないというたとえ。
食うだけなら犬でも食う	ただ食って生きているだけなら犬でもしている。それでは人間としての価値がないという意味。

暗がりの犬の糞	暗がりでは犬の糞は見えないことから、他人が気づかない失敗は知らんふりをする、という意味。
犬猿の仲	仲の悪い関係のたとえ。単に「犬猿」「嫁と姑　犬と猿」ともいう。
犬兎の争い	犬が兎を追いかけているうちにどちらも疲れて死んだのを、農夫が自分のものにしたという寓話から、両者が争って弱り、第三者に利益をとられること。「漁夫の利」と同じ意味のことわざ。
犬馬の心	主君や親のために尽くす忠誠心をいう。
犬馬の養い	親を養うのに、犬や牛馬に食物を与えるのと同じように、ただ腹を満たすだけで敬愛の念のないことをいう。
犬馬の歯(よわい)	自分の年齢をへりくだっていう言葉。犬や馬のように無駄な年齢を重ねるという意味。「歯」は「齢」と同じ。
犬馬の労	主や他人のために、力を尽くして奔走すること。
米食った犬が叩かれずに糠食った犬が叩かれる	大きな悪事をはたらいた者が罪を逃れ、小さな悪事を犯した者が罰せられるたとえ。
自慢の糞は犬も食わぬ	自慢をする者はまわりの人に嫌われることのたとえ。糞を嗅ぎ回る犬でさえ、そういう人間の糞は避けるということから。
蜀犬日に吠ゆ	蜀は山地で雨が多いので日を見ることが少なく、たまに太陽を見ると犬が怪しんで吠えたということから、見識の狭い人が賢人の優れた言行を怪しみ疑って非難することのたとえ。
捨て犬に握り飯	骨を折るだけで無駄なことのたとえ。握り飯を捨て犬にやっても、ただ食べて逃げてしまうだけである。
象の背中で犬に咬まれる	安全な家の中にいても災難はいつやってくるかわからないことのたとえ。
外孫飼うより犬の子飼え	外孫(他家へ嫁いだ娘が産んだ子)は、いくらかわいがっても、将来の頼りにはならない。外孫をかわいがるより犬の子をかわいがる方がましだということ。「孫飼わんより犬の子飼え」とも。
頼むと頼まれては犬も木へ登る	頼まれれば木登りができない犬も登ろうとすることから、懇願されるとやってみようという気になるというたとえ。

旅の犬が尾をすぼめる	自分が威張っていられる場所では威勢がいいが、外へ出ると意気地がなくなることのたとえ。犬が自分のなわばりから出ると、威勢がなくなり尾を垂れることから。「内弁慶」。「所で吠えぬ犬はない」「わが門で吠えぬ犬なし」とも。
癡犬石を逐う（痴犬石を逐う）	優れた獅子は矢を射たれると矢を射た人間を襲うが、愚かな犬は石を投げられるとその石を追いかけてしまう。表面的な事象ではなく問題の根本的な解決を図らなければならないことのたとえ。
殿の犬には喰われ損	強い者のやったことは、道理に外れることであっても、泣き寝入りするしかない、という意味。
夏の風邪は犬も食わぬ	暑い夏に風邪をひくほどバカバカしいことはないの意。
能なし犬は昼吠える	才能のない者にかぎって必要のないときに大騒ぎしたり、大きなことを言ったりするというたとえ。
飛鳥尽きて良弓蔵(かく)れ狡兎死して走狗烹(に)らる	空を飛びかける鳥がいなくなれば、用がないからよい弓もしまわれてしまう。また悪がしこい兎がいなくなると、いままでその猟に用いられていた犬も用がないので煮殺される。つまり必要なときには重宝がられても、用がなくなれば捨てられるということ。役に立つ人も、その用がなくなればかえって罰せられることのたとえ。「飛鳥」は飛ぶ鳥、「狡兎」は狡いうさぎ、「走狗」は猟犬のこと。単に「狡兎死して走狗烹らる」とも。
夫婦喧嘩は犬も食わぬ	夫婦喧嘩はすぐ仲直りするものだから、他人が気を使って仲裁することはない。何でもよく食う犬でさえ、見向きもしないのだから放っておくほうがよい、という意味。
吠える犬にけしかける	勢いのある者に、さらに勢いを加えることのたとえ。
吠える犬はめったに噛みつかない	虚勢を張って強そうなことを言う者にかぎって実力がないというたとえ。
吠ゆる犬は打たるる	じゃれつく犬は打たれないが、吠えつく犬は打たれる。慕ってくる者はかわいがられるが、手向かう者は憎まれるということ。
煩悩の犬は追えども去らず	煩悩を犬が人にまといつくのにたとえた言葉。

主な参考文献（五十音順）

『あなたのイヌがわかる本』新版 ブルース・フォーグル［著］奥山幸子 山下恵子 新妻昭夫［訳］ダイヤモンド社 2007
『あなたの犬は「天才」だ』ブライアン・ヘア ヴァネッサ・ウッズ［著］古草秀子［訳］早川書房 2013
『犬があなたをこう変える』スタンレー・コレン［著］木村博江［訳］文藝春秋（文春文庫）2011
『犬から見た世界―その目で耳で鼻で感じていること―』アレクサンドラ・ホロウィッツ［著］竹内和世［訳］白揚社 2012
『犬が私たちをパートナーに選んだわけ―最新の犬研究からわかる、人間の「最良の友」の起源―』ジョン・ホーマンズ［著］仲達志［訳］阪急コミュニケーションズ 2014
『犬たちの隠された生活』エリザベス・M・トーマス［著］深町眞理子［訳］草思社 1995
『犬と猫の行動学―基礎から臨床へ―』内田佳子 菊水健史［著］学窓社 2008
『犬と猫のサイエンス』別冊日経サイエンス 日経サイエンス編集部［編］日本経済新聞出版社 2015
『イヌ―どのようにして人間の友になったか―』J・C・マクローリン［著・画］澤崎坦［訳］講談社（講談社学術文庫）2016
『犬と人の生物学―夢・うつ病・音楽・超能力―』スタンレー・コレン［著］三木直子［訳］築地書館 2014
『イヌに「こころ」はあるのか―遺伝と認知の行動学―』レイモンド・コッピンジャー マーク・ファインスタイン［著］柴田譲治［訳］原書房 2016

『犬の愛に嘘はない―犬たちの豊かな感情世界―』ジェフリー・M・マッソン［著］古草秀子［訳］河出書房新社（河出文庫）２００９

『犬の医学』田中茂男［総監修］津曲茂久 鎌田寛 亘敏広 上地正実［監修］時事通信社２０１１

『犬の科学―ほんとうの性格・行動・歴史を知る―』スティーブン・ブディアンスキー［著］渡植貞一郎［訳］築地書館２００４

『犬の行動学』エーベルハルト・トルムラー［著］渡辺格［訳］中央公論新社（中公文庫）２００１

『イヌの行動―定説はウソだらけ』堀明［著］ナツメ社２００８

『犬のココロをよむ―伴侶動物学からわかること―』菊水健史 永澤美保［著］岩波書店２０１２

『イヌの動物行動学―行動、進化、認知―』アダム・ミクロシ［著］藪田慎司［監訳］森貴久 川島美生 中田みどり 藪田慎司［訳］東海大学出版部２０１４

『犬はあなたをこう見ている―最新の動物行動学でわかる犬の心理―』ジョン・ブラッドショー［著］西田美緒子［訳］河出書房新社（河出文庫）２０１６

『犬も平気でうそをつく?』スタンレー・コレン［著］木村博江［訳］文藝春秋（文春文庫）２００７

『誤解だらけの〝イヌの気持ち〟―『イヌのこころ』を科学する―』藤田和生［著］財界展望新社２０１５

『このくらいはわかって！ワンコの言い分』増田宏司［著］さくら舎２０１２

『最新犬種図鑑 写真で見る犬種とスタンダード 第2版』社団法人ジャパンケネルクラブ 浅利昌男 武内ゆかり［監修］ インターズー２０１２

『サル学の現在』立花隆［著］平凡社１９９１（文春文庫版〈上・下〉あり）

『幸せな犬の育て方―あなたの犬が本当に求めているもの―』マイケル・W・フォックス［著］北垣憲仁［訳］白揚社２０１５

『銃・病原菌・鉄――一万三〇〇〇年にわたる人類史の謎――（上・下）』ジャレド・ダイアモンド［著］倉骨彰［訳］草思社（草思社文庫）２０１２
『理想の犬（スーパードッグ）の育て方』スタンレー・コレン［著］木村博江［訳］文藝春秋（文春文庫）２００８
『哲学者とオオカミ――愛・死・幸福についてのレッスン――』マーク・ローランズ［著］今泉みね子［訳］白水社２０１０
『動物が幸せを感じるとき――新しい動物行動学でわかるアニマル・マインド――』テンプル・グランディン キャサリン・ジョンソン［著］中尾ゆかり［訳］NHK出版２０１１
『動物感覚――アニマル・マインドを読み解く――』テンプル・グランディン キャサリン・ジョンソン［著］中尾ゆかり［訳］日本放送出版協会２００６
『動物たちは何を考えている？――動物心理学の挑戦――』藤田和生［編著］日本動物心理学会［監修］技術評論社２０１５
『ドッグ・ウォッチング――イヌ好きのための動物行動学――』デズモンド・モリス［著］竹内和世［訳］平凡社１９８７
『なぜ犬はあなたの言っていることがわかるのか――動物にも〝心〟がある――』ヴァージニア・モレル［著］庭田よう子［訳］講談社２０１５
『ナチスと動物――ペット・スケープゴート・ホロコースト――』ボリア・サックス［著］関口篤［訳］青土社２００２
『日本の犬――人とともに生きる――』菊水健史 永澤美保 外池亜紀子 黒井眞器［著］東京大学出版会２０１５
『ネコがこんなにかわいくなった理由――No.１ペットの進化の謎を解く――』黒瀬奈緒子［著］PHP研究所（PHP新書）２０１６

『人イヌにあう』コンラート・ローレンツ［著］小原秀雄［訳］早川書房（ハヤカワ・ノンフィクション文庫）２００９
『人が学ぶイヌの知恵』林谷秀樹 渡辺元 佐藤俊幸 甲田菜穂子 対馬美香子［著］東京農工大学出版会 ２００９
『ヒトとイヌがネアンデルタール人を絶滅させた』パット・シップマン［著］河合信和［監訳］柴田譲治［訳］原書房 ２０１５
『人と犬のきずな―遺伝子からそのルーツを探る―』田名部雄一［著］裳華房 ２００７
『ヒトと動物の関係学 第3巻 ペットと社会』森裕司 奥野卓司［編著］岩波書店 ２００８
『ヒトはイヌのおかげで人間（ホモ・サピエンス）になった』ジェフリー・M・マッソン［著］桃井緑美子［訳］飛鳥新社 ２０１２
『もし犬が話せたら人間に何を伝えるか』沼田陽一［著］実業之日本社 １９９２
『レッド・データ・アニマルズ―動物世界遺産―6 アフリカ』小原秀雄 太田英利 浦本昌紀 松井正文［編著］講談社 ２０００
『動物遺伝育種研究』日本動物遺伝育種学会
『動物心理学研究』日本動物心理学会
『ナショナル ジオグラフィック日本版』日経ナショナル ジオグラフィック社
『日本経済新聞』日本経済新聞社
『日経サイエンス』日経サイエンス社
『Ｎｅｗｔｏｎ（ニュートン）』ニュートンプレス

辻谷秋人　つじや・あきひと

1961年、群馬県生まれ。雑誌編集者を経てフリーライターに。科学、スポーツ、ビジネスなどの分野で活動。月刊誌『優駿』で始めた連載をきっかけに、動物の進化や行動、運動生理に強い関心を持つ。著書に『馬はなぜ走るのか　～やさしいサラブレッド学』、『サッカーがやってきた　～ザスパ草津という実験』、『ズーパー　～友近聡朗の百年構想』、共著に『競馬人』がある。

本文組版：佐藤裕久

カバー写真：アフロ

犬と人はなぜ惹かれあうか

2019年1月30日　第1刷発行

著者　辻谷秋人

発行者　林 良二
発行所　株式会社 三賢社
〒113-0021　東京都文京区本駒込4-27-2
電話　03-3824-6422
FAX　03-3824-6410
URL　http://www.sankenbook.co.jp

印刷・製本　中央精版印刷株式会社

ISBN978-4-908655-11-1 C0045